中国畜牧业协会
白羽肉鸭工作委员会
资助出版

肉鸭疾病防治

张秀美　刁有祥　张大丙　编著

ROUYA JIBING FANGZHI

山东科学技术出版社
·济南·

图书在版编目（CIP）数据

肉鸭疾病防治 / 张秀美，刁有祥，张大丙编著．-- 济南：山东科学技术出版社，2022.2
ISBN 978-7-5723-1177-2

Ⅰ．①肉…　Ⅱ．①张…　②刁…　③张…　Ⅲ．①肉用鸭－鸭病－防治　Ⅳ．①S858.32

中国版本图书馆 CIP 数据核字（2022）第 024654 号

肉鸭疾病防治

ROUYA JIBING FANGZHI

责任编辑：张　波
装帧设计：侯　宇

主管单位：山东出版传媒股份有限公司
出 版 者：山东科学技术出版社
地址：济南市市中区舜耕路 517 号
邮编：250003　电话：（0531）82098088
网址：www.lkj.com.cn
电子邮件：sdkj@sdcbcm.com
发 行 者：山东科学技术出版社
地址：济南市市中区舜耕路 517 号
邮编：250003　电话：（0531）82098067
印 刷 者：山东联志智能印刷有限公司
地址：山东省济南市历城区郭店街道相公庄村文化产业园 2 号厂房
邮编：250100　电话：（0531）88812798

规格：大 32 开（140 mm × 203 mm）
印张：7　**字数：**110 千
版次：2022 年 2 月第 1 版　**印次：**2022 年 2 月第 1 次印刷
定价：45.00 元

前　言

养鸭业是我国特色产业，也是我国畜牧业的重要组成部分。进入21世纪以来，我国养鸭规模不断扩大，尤其是近10年来，鸭的饲养方式发生了巨大转变，鸭养殖技术研究也取得了长足进步，为促进我国养鸭业健康稳定发展发挥了重要作用。但是，在我国目前养鸭生产中，仍存在大量散养户，设施设备仍较简陋，饲养管理仍较粗放，鸭病防控形势依然十分严峻。相对于20世纪70～90年代，鸭的营养代谢病、中毒性疾病和寄生虫病的发生率大幅度下降，但鸭传染病的流行依然突出，旧病未除，新病又来。疫病频发和用药混乱给疫病防治带来更多的不确定性。食品安全和疫病用药、环境治理和养殖发展等存在突出矛盾，如何正确处理用药和休药、用药和药残、用药和抗药的关系，如何及时诊断和防治疾病，降低养殖过程中的疾病损失，怎样才能生产出健康安全的鸭肉产品，是目前规模化肉鸭养殖生产中大家普遍关心的问题。

针对目前肉鸭疫病发生特点和生产中的疑难问题，中国畜牧业协会白羽肉鸭专业委员会组织业内禽病专家，编写了这本《肉鸭疾病防治》。本书对鸭的常见病、新发病和疑难病都做了阐述，很多照片资料非常难得；图文并茂，简单明了，针对性和可操作性较强，对鸭场技术人员和执业兽医有较高的使用价值。

编者

目录

一、鸭病流行特点与综合防控

（一）鸭病流行特点

1. 新发传染病不断出现

新发传染病不断出现，构成鸭病流行最显著的特点。20 世纪 90 年代中期以来，在我国养鸭业出现了多种新的病毒病，例如高致病性禽流感、番鸭“白点病”、番鸭“新肝病”、鸭“脾坏死病”、鸭坦布苏病毒病、鸭短喙与侏儒综合征等，这些新发传染病分属如下 3 种表现形式。

一是老病原发生变异特别是对鸭的致病性发生改变，从而形成新的鸭病。禽流感是因病原变异而成为新鸭病的典型例子。过去人们普遍认为鸭和鹅可感染禽流感病毒（AIV）但不发病，1995 年，郭元吉从广东发病鹅中分离到H5N1亚型AIV，由此改变了人们对水禽流感的传统认识。目前，禽流感已成为危害养鸭业的重大疫病。坦布苏病毒（TMUV）是1955年在马来西亚的蚊子中分离到的一种病毒，但当时未见该病毒对人或动物存在致病性。然而，2010年以来，坦布苏病毒病却成为危害我国蛋鸭和肉种鸭养殖业的主要疾病。比较我国鸭源毒株和早期的蚊源毒株，可见其基因组编码区的核苷酸序列同源性仅为87%～88%。由此可见TMUV感染之所以成为新鸭病，亦是因病原变异所致。

二是国外已报道的疾病在我国出现，对于我国养鸭业而言，亦形成新的疾病问题。早在1950年，南非便报道了番鸭呼肠孤病毒（MDRV）所引起的一种番鸭疾病。1997年，该病在我国出现，此后，MDRV感染（国内称之为番鸭“白点病”）一直是危害我国番鸭养殖的主要疾病之一。以往仅见于英国的鸭肝炎病毒血清2型以及仅见于美国的鸭肝炎病毒血清3型亦分别于2008年和2013年在我国发现，进一步增加了我国防控鸭病毒性肝炎的难度。鸭短喙与侏儒综合征（SBDS）是1971～1972年间在法国西南部发现的一种半番鸭疾病，该病于2014年在我国北京鸭群出现，成为危害肉鸭养殖业的主要疾病之一。随后在我国麻鸭群亦发现了该病。

三是近年来，陆续出现了几种新的病毒，从而导致新鸭病的发生和流行。2005 年，一种新的番鸭呼肠孤病毒（N-MDRV）在我国番鸭养殖业出现，从而导致一种新的番鸭疾病（即番鸭“新肝病”）在我国番鸭养殖业的流行。与此同时，研究者从我国北京鸭和麻鸭中亦发现了一种新的鸭呼肠孤病毒（DRV）。尽管早期报道的 MDRV 对北京鸭没有致病性，但近年来出现的 DRV 却可导致北京鸭和麻鸭发生鸭“脾坏死病”。序列同源性和遗传演化分析表明，最初出现的 MDRV 与随后出现的 N-MDRV 和 DRV 分属基因 1 型和 2 型，外衣壳蛋白 σC 的氨基酸序列同源性仅为 39%～42%；两类毒株在基因组结构上亦表现出显著差异。鸭甲肝病毒基因 3 型（DHAV-3）是 2007 年在韩国报道的新病毒，在基因组的各个基因区，该病毒与鸭甲肝病毒基因 1 型（DHAV-1，即历史上所称的鸭肝炎病毒血清 1 型）均表现出较大的变异性，二者间基因组序列同源性仅为 70%～73%。该病毒早在 2001 年便已出现于我国养鸭业，我国已研发成功的 DHAV-1 弱毒疫苗不能保护雏鸭抵抗 DHAV-3 的感染。在我国台湾，还报道了与DHAV-1无血清学相关性的鸭甲肝病毒基因2型。

2. 多种鸭病的病原呈多样化分布

鸭细小病毒毒株呈多样化分布。鹅细小病毒（GPV）本是鹅和番鸭小鹅瘟的致病病原。在番鸭群，引起番鸭小鹅瘟的GPV经典毒株以及导致番鸭三周病的鸭细小病毒（MDPV）经典毒株仍在流行。近年来还新现引起番鸭短喙与侏儒综合征的毒株，这类毒株很可能是GPV和DPV的重组毒株。在北京鸭群，GPV的西欧分支构成了毒力变异株，导致短喙与侏儒综合征的发生。从北京鸭群亦可检测到GPV经典毒株。2019年以来，在许多商品肉鸭屠宰场，见北京鸭出栏时的异常换羽现象，从皮肤样品可检出GPV，提示GPV毒株在北京鸭群呈多样化分布。在美国，曾分离到一株与GPV和DPV仅有84%同源性的新毒株。在匈牙利，曾从半番鸭分离到7株与GPV有一定相关性的细小病毒毒株。

鸭呼肠孤病毒毒株亦呈多样化分布。在番鸭群同时流行引起番鸭白点病的基因1型毒株以及引起番鸭新肝病的基因2型毒株，在北京鸭群和麻鸭群则流行引起鸭脾坏死病的基因2型毒株。呼肠孤病毒的基因组分为10个节段，在鸭源毒株中已发现基因重配现象。

微RNA病毒科禽肝病毒属和星状病毒科禽星状病毒属的成员均可导致鸭病毒性肝炎的发生和流行。前者涉及鸭甲肝病毒的3种基因型，后者包括鸭肝炎病毒血清2型和血清3型。这些病毒之间无交叉保护作用，已有的DHAV-1疫苗不足以保护雏鸭抵抗其他病毒的感染。

禽流感病毒易发生变异，既可因抗原漂移产生新的变异株（如基于血凝素编码基因所划分的不同分支），也可以因抗原转变产生新的血清亚型或重组毒株（如H5N2、H5N6和H5N8等），加大了本病的防控难度。自我国使用重组禽流感病毒H5N1亚型灭活疫苗控制禽流感以来，疫苗毒株不断更新（Re-1株、Re-4株、Re-5株、Re-6株、Re-7株、Re-8株、Re-10株、Re-11株和Re-12株），正是H5亚型毒株不断发生变异的反映。

鸭坦布苏病毒病自2010年出现以来主要危害成年鸭，在小鸭（包括商品肉鸭以及种鸭与蛋鸭育雏期和育成前期）群，坦布苏病毒病仅呈零星发生。2019年，已

在多个地区见小鸭感染 TMUV 而发病并出现死亡病例，提示 TMUV 流行毒株表现出多样性。

鸭传染性浆膜炎仍是危害养鸭业的主要细菌性疾病，免疫接种和抗菌药物的使用均是控制该病的有效措施。但病原菌鸭疫里默杆菌（RA）的血清型呈多样化分布，制约了免疫措施的有效性。目前，国际上将 RA 区分为 21 个血清型，1996 年以来，陆续发现我国流行 1、2、6、7、10、11、13、14、15、17 型等 10 多个血清型。RA 菌株因生产中大量用药而产生耐药性，直接影响到药物的防治效果。

3. 多种病原可感染不同品种或感染宿主范围不断扩大

各种鸭均可发生禽流感、坦布苏病毒病、鸭传染性浆膜炎和大肠杆菌病等疾病。呼肠孤病毒病不再是番鸭的特色疾病，北京鸭和麻鸭亦可感染呼肠孤病毒而发病。自 1956 年我国首次发现小鹅瘟以来，该病主要对养鹅业和番鸭养殖业构成危害。作为我国饲养的主要水禽品种，北京鸭和麻鸭以往对 GPV 不易感。但随着 GPV 新毒株的出现，北京鸭和麻鸭养殖业又面临着一种新疫病的挑战。在北京鸭中所出现的新毒株是来自我国鹅源GPV经典毒株的变异，还是直接由国外传入，尚难以下结论。值得关注和思考的是，随着GPV和呼肠孤病毒等病原的感染宿主范围扩大，以往所称的鹅和番鸭存在一些特色疾病的情况已不复存在。目前，绝大多数水禽常见传染病（除新城疫和雏鹅痛风）均已成为不同水禽品种的共患病。因此，站在水禽养殖业的高度考虑鸭病防控，就显得尤为重要。

（二）疫病防控措施

1. 升级养殖模式

肉鸭地面养殖，鸭直接接触垫料或地面，鸭舍卫生环境差，难清洁，疾病容易通过粪污进行传播。采用室内网上饲养或笼养，可充分利用建筑空间，相同面积饲养量增加1～2倍。鸭舍卫生环境好，清洁消毒方便，利于控制疾病发生发展，减少药物使用。与传统的地养相比较，网养和笼养肉鸭成活率明显提高，生长速度快，饲料报酬高，饲养周期缩短。冬季鸭舍易于提温，燃料费用低。综合养殖效益大大提升，是目前肉鸭养殖的主要发展模式。

2. 提高饲料品质

尽管我国已发布肉鸭的营养需要量标准，但很多企业配制饲料依据自己的经验，开发使用很多非常规原料用于肉鸭饲养，造成肉鸭生长障碍，肉品质较差，给养殖造成损失。饲料成本占养殖生产总成本的65%以上，是肉鸭养殖能否取得经济效益的关键，企业应关注肉鸭营养健康需求，保障肉鸭饲料品质，进一步提升养殖效益。

3. 科学规范用药

目前肉鸭养殖的现状是疾病发生普遍，造成损失严重。为了防控疫病的发生发展，兽药乱用、滥用的现象普遍存在，食品安全得不到保障。如果不用抗生素加以控制，不仅延误病情，损失加重，还会给公共卫生带来隐患。如何科学规范使用抗生素，从乱用和滥用到合理使用，这需要全社会的共同努力，需要兽药生产、市场监管、销售、临诊使用密切配合。科学合理用药，就是要严格执行国家兽药管理规定，禁止使用国家规定的违禁药品，允许使用的抗生素严格按照休药期停止用药。在规模化养殖企业，兽医的理念要改变，把工作重点放在鸭群管理和生物安全上，尽可能减少治疗性抗生素类药物的使用。有条件的企业要加强实验室建设，及时进行细菌耐药性监测和药物敏感性试验，为科学规范用药提供技术支持。

4. 重视生物安全

生物安全是养殖业的生命线，构建生物安全体系，落实生物安全措施，是减少鸭群发病的根本措施。目前肉鸭养殖大部分仍为粗放性饲养，限于从业人员意识、资金等条件，对生物安全的理解和重视差距较大，不要以为生物安全是老生常谈，简单易学，真正做好是一项艰巨的任务。因地制宜，因场制宜，把每一项措施都落实到位；关注每一个细节，从不侥幸，从不懈怠，养殖就会成功。

二、养鸭场生物安全管理

生物安全是将可传播疾病的有害生物排除在养殖场外所采取的一切安全措施，是一个综合性、全方位的疫病控制体系，既包含了传染性病毒、细菌、寄生虫病等控制，也包含蚊虫、鼠鸟等传染因素的防控。落实生物安全措施，可以有效地防止疾病的发生与传播，保证鸭场生产安全，提高经济效益。

（一）建筑性生物安全

1. 鸭场选址

传染病传播的天然屏障是距离。在养殖密集区，传染病很容易在鸭场之间传播。因此，建设鸭场时，应远离其他养禽场、畜禽交易场所、屠宰场、交通要道

1 km 以上。如果土地有限，可利用自然屏障进行隔离，亦可建造围墙、围栏或绿色隔离带等屏障。合理选址，是针对鸭场外部环境所采取的防护措施，也是预防疫病传播的第一道防线。

2. 鸭场规划和布局

对鸭场进行合理规划和布局是为了控制场区环境。生产区要与生活办公区分开，并保持一定的距离，其间用围墙或绿化带隔开。在生产区内，清洁道和污染道要分设。应有相对独立的引入动物隔离舍、患病动物隔离舍以及与生产规模相适应的无害化处理场所。在规模化养鸭场，可将生产区进一步划分为可以隔离和封锁的区域，各区域用围墙隔开，便于分区进行清理和消毒，或必要时清群，防止疾病扩散。若鸭场规模较大，还可把每个区域划分为更小的单元，单元之间设绿色隔离带。

3. 鸭舍建筑

鸭舍建筑应遵循以下基本原则：便于采光和通风；建筑物之间的距离要合适，并适当考虑与风向的关系；建筑物的材料、内外设计以及设施设备的设计和位置

要恰当，要便于清洗和消毒；应考虑各种运输工具、设备和物品的流动路线、工作人员的工作路线、饲料的储运系统等。

4. 设施设备设计与安装

设计并安装设施设备是制定并实施鸭场生物安全措施的重要抓手。鸭场应配备隔离和消毒设施设备、与生产规模相适应的无害化处理设施设备；要有防鼠、防鸟、防虫设施；应设兽医室，配备疫苗冷冻（冷藏）设备、消毒和诊疗等防疫设备，或者由兽医机构提供相应服务；规模化鸭场可建设诊断与检测实验室，配备相应的仪器设备。在多层立体养殖鸭舍，应配备笼具和自动上料装置、湿帘降温系统、自动加温系统或制冷制热空调系统、通风系统、自动饮水系统、输粪带清粪系统，从工程设施上保障鸭群健康生活所需的空间环境和卫生防疫条件。

（二）管理性生物安全

在建筑性生物安全基础上所制定的一系列制度和程序属于管理性生物安全措施，该措施针对传染病流行的三个环节，即传染源、传播途径和易感鸭群，以此构成综合防控体系。

1. 控制传染源

（1）鸭场应实行封闭式管理，所有物品由专用出入口进出。各出入口都配有完善的消毒设施，如消毒池、清洗机、喷雾消毒器、淋浴室、更衣室等。谢绝一切外来人员进入生产区参观。确需进场者，经有关主管批准后，严格按规定消毒更衣后方可入场，入场后在指定区域内活动。

（2）投产前或出鸭后清除场区所有垃圾，土地深翻，然后撒上石灰水。

（3）鸭舍冲刷干净，用消毒药全面喷洒消毒2～3遍，化验室检测合格。

（4）场区灭鼠，进风口、风机、窗户等处设防护网控制野鸟。

（5）场内净区、污区，净道、污道要分开。净区、净道是靠近鸭舍前端，场内人员、运输车辆和所需物品必须经过的区域和通道；污区、污道在鸭舍的后端，是处理污染废弃物的区域和通道。人员、消毒过的物品、运料车、运蛋车等必须走净道、放净区，病死鸭、垃圾、粪便等必须走污道、放污区。如因工作需要进入污区的人员，回净区时要更换工作服、靴子，并做喷雾消毒。

(6) 病死鸭处理。病死鸭就地用不透水的包装袋包扎好，防止脱落的羽毛、粪便等污染周边环境，然后由污道运送至解剖室，最终进入焚烧炉或阳光发酵房，进行焚烧和无害化处理。

(7) 污水、粪便、垃圾处理。污水、粪便的排放应从前往后，最终由污道出场。采用干湿分离、三级沉淀池和集中发酵等方式进行无害化处理。在污区建立垃圾处理场，垃圾场要定期清理干净，并撒石灰或消毒药消毒。

2. 切断传播途径

传播途径包括空气、沙尘、动物、人员、车辆和物品等。消毒是切断疾病传播途径的最有效方法，每周对场区喷雾消毒 2 ~ 3 次。鸭场大门口的消毒池，要保证消毒液的有效浓度和深度，消毒液每周更换 2 ~ 3 次。

(1) 鸭场空舍消毒：商品鸭场空舍期一般不少于 1 周，15 万羽以上肉鸭场应不少于 10 d。种鸭场空舍期一般不少于 5 周。

批次之间的空舍期间，必须对鸭舍及用具进行全面清洗和严格消毒，包括鸭舍的排空、机械性清扫、用水冲洗、消毒药消毒、干燥、再消毒、再干燥，最后密闭熏蒸消毒。

鸭舍一般消毒程序：对于冲刷完毕的鸭舍，先用2%温火碱水自上而下进行喷雾，消毒时应做到认真细致，不留死角；干燥1～2 d后，再用氯制剂消毒药全面喷洒，干燥2 d后，再用碘制剂消毒药全面喷洒，最后用熏蒸消毒剂（甲醛和高锰酸钾）熏蒸消毒，并密闭鸭舍48 h以上。

（2）运输车辆的消毒：用清水自上而下冲洗掉车体上的泥土、粉尘、油污和杂物，尤其注意清洗底盘的各个角落、泥挡板、驾驶台以及车轮纹沟等容易积存泥污的部位，清洗车轮时应将车辆前后移动1～2次；用消毒剂溶液或2%的火碱溶液按同样顺序对车辆全面喷洒，并对驾驶室用消毒剂溶液喷雾消毒。

对驾驶员衣物进行喷雾消毒，鞋子脚踏消毒池（盆）消毒，手用无腐蚀性消毒剂溶液清洗。最后车辆缓慢驶过消毒池进入生产区。

（3）人员、物品的消毒：

①人员消毒。进入鸭场的任何人必须在大门口踏

消毒池，经喷雾消毒后方可入场。工作人员进入生产区时，必须彻底沐浴、消毒、更衣后方可入内。沐浴消毒更衣时严禁逆行。生产区和生活区人员不得互串。防疫队伍、抓鸭队伍进入生产区，必须更换工作服和消毒。

②物品消毒。凡进入场区的物品需在大门口冲洗、浸泡消毒或用甲醛熏蒸消毒或在紫外线灯下照射5 ~ 10 min后方可入场。

③垫料消毒。垫料使用前必须过筛，不得有任何杂物或霉变，在垫料库经甲醛熏蒸消毒48 h后方可入舍。

④生产区内的专用物品严禁带出、串用。

（4）饲料、饮水消毒：

①饲料消毒。颗粒饲料经高温制粒后，可杀灭饲料原料中80%的细菌。到场后的饲料一般是直接进入料仓或料库。饲料车要按入场车辆、人员消毒程序严格消毒。料仓要保持清洁和密闭，饲料在料仓内存放最好不超过3 d。存放饲料的料库要保持清洁卫生，定期消毒，防止霉菌滋生。

②饮水消毒。鸭场饮用水是呼吸道和消化道疾病传播的重要途径，饮用水中的细菌、微生物超标容易

导致肠炎、呼吸道等相关疾病，导致鸭生长缓慢。为了保证鸭群健康生长，应定期检测鸭场饮用水质，避免使用检测不合格的水源。水线要用酸化剂或“水线清”定期浸泡、消毒，每周1~2次。

3. 保障鸭群健康

健康的鸭群，抗病力强，各种疫苗免疫效果好，细菌、病毒就没有可乘之机。

（1）减少鸭群的各种应激。包括免疫、扩群、饲料更换、温度改变等，都要循序渐进，谨慎操作。

（2）严格免疫。制订科学合理的免疫程序，确保鸭只免疫率、剂量准确率、操作到位率达到100%。

（3）科学用药。原则是强化保健，群体预防，及时诊断，精准用药。严禁使用国家规定限制使用的药品，严格按照药物休药期控制给药，确保出售的鸭产品无药物残留。

（4）鸭群健康评估。饲养员对所管理鸭群做全天候观察，按照鸭群健康评估表做好详细记录。生产兽医每天2次到场巡视鸭群，听取饲养员汇报，检查记录表，认真剖检死淘鸭，并做好解剖记录。技术场长每天一次巡视鸭群，查看记录。根据现场观察，结合实验室抗体、病原检测结果，及时分析评估鸭群健康状况，对亚健康鸭群提出针对性解决方案。

4. 发生疫情时的应急处理

（1）鸭场一旦出现疫情，应坚持早、快、严、小的原则，立即封场、封栋。饲养人员和物品一律不准出场，病死鸭及时深埋或焚烧。

（2）外来车辆及人员一律不准进入本场。确需进入的应按照发生传染病时消毒要求进行严格消毒。

（3）封场期间，生产区环境每天2次喷雾消毒，舍内每天一次带鸭消毒，最好采用3种以上消毒药交替使用。

（4）合理安排好生产区饲养人员。保障饲料、药品及员工生活等。饲养人员与后勤人员的物品交接仅限于各栋鸭舍门口。

（5）根据现场和监测结果评估鸭群状况，及时采取有效防控措施。

5. 带鸭消毒技术要点

（1）选择消毒剂。氯制剂、季铵盐类、碘制剂等交替使用。

（2）配制。根据各种消毒剂的使用要求，配制并充分搅拌均匀，用 25 ~ 45℃ 的温水稀释。

（3）消毒时间及消毒次数。通常在中午时间进行。育雏阶段每周 2 次，育成、产蛋阶段每周 3 次，周围有疫情或鸭群健康不佳或鸭舍环境不良时每天一次。

（4）活苗免疫时，前 24 h 至后 48 h 内避免带鸭消毒。

（5）消毒操作。喷雾时关闭门窗、关掉风机，消毒完后 10 min 打开。雾粒直径大小应控制在 80 ~ 120 μm 之间。喷雾的喷头距鸭背 0.8 m 以上，喷头朝上，严禁指向鸭体。喷雾量按每立方米 15 ml 消毒液。要对舍内各部位及设施均匀喷洒，不留死角。冬季应先提高舍温 3 ~ 4℃。兑好的消毒液应一次用完。

（6）消毒设备。消毒喷雾器是专用设备，在使用前要进行检修，以保证功能正常。使用后用清水冲洗干净，存放在阴凉清洁处。

6. 免疫操作技术要点

（1）疫苗质量检查。要求外观标签清晰、包装完整；疫苗无沉淀、变色、分层；在有效期内使用。

（2）免疫前准备。

①培训好免疫人员，安排好抓鸭组、免疫组、免疫

监督组各负其责。

②认真阅读产品说明书、注意事项和疫苗的使用方法，并填写免疫记录。

③疫苗接种用注射器、针头、镊子、滴管、稀释用的瓶子要事先清洗，并用沸水煮15～30 min消毒。

④冬季，油乳剂疫苗和抗体要预温至30℃左右；活苗稀释注意水质和稀释液的要求。

⑤饮水免疫要事先清洗水线，免疫前给鸭子停止饮水2 h。喷雾免疫最好在熄灯后进行，喷雾过程中关闭纵向风机。

⑥免疫前注射器、滴管和雾滴大小要校准。

（3）免疫过程中注意事项。

①抓鸭操作，轻拿轻放，减少应激。

②专人负责疫苗配制、发放。活苗使用时间控制在1 h内。

③免疫过程监督。部位是否准确、是否有漏免和错免。

（4）免疫效果评估。免疫后1周，观察免疫部位吸收情况，定期采血检测免疫抗体，评估免疫效果。

三、鸭病毒病

（一）禽流感

禽流感是由A型流感病毒感染禽类所引起的一类感染综合征，发生于鸭时亦可称之为鸭流感。由高致病性毒株所引起的高致病性禽流感是危害养鸭业的重大疫病，可发生于各种品种和各种日龄的鸭，主要症状为呼吸困难并出现神经症状，特征病变是心肌条纹状坏死以及胰腺坏死。小鸭感染会出现死亡，成年鸭感染多表现为产蛋下降。

【病原】禽流感病毒属于正黏病毒科 α 流感病毒属A型流感病毒。病毒粒子的大小80～120 nm，完整的病毒粒子一般呈球形，也有其他形状，如丝状等；有囊膜，囊膜的表面有两种不同形状的纤突（糖蛋白），一种是血凝素（HA），另一种是神经氨酸酶（NA）。不同流感病毒HA与NA抗原性不同，HA可分为16个亚型，NA分为9个亚型，HA与NA随机组合，从而构成流感病毒不同的血清亚型。当前高致病性毒株主要见于H5和H7亚型禽流感，如H5N1、H5N2、H5N5、H5N6、H5N8、H7N3、H7N9等，低致病性毒株主要见于H9N2。病毒对热敏感，在56℃作用30 min、72℃作用2 min即可灭活；对乙醚、氯仿、丙酮等有机溶剂，或者对含碘消毒剂、次氯酸钠、氢氧化钠等消毒剂敏感；对低温抵抗力强，如病毒在－70℃可存活两年，在4℃的条件下1个月不失活。

【流行病学】病毒能从病鸭或带毒鸭的呼吸道、眼结膜及粪便中排出，污染空气、饲料、饮水、器具、地面、笼具等，易感鸭通过呼吸、饮食及与病鸭接触等均可以感染该病毒，造成发病。哺乳动物、昆虫、运输车辆等也可以机械性传播该病。一年四季均能发生，冬春季节多发，以秋冬、冬春季节交替时发病最为严重。温度过低、气候干燥、忽冷忽热、通风不良、通风量过大、寒流、大风、雾霾、拥挤、营养不良等因素均可促进该病的发生。

【症状】高致病性禽流感：危害养鸭业的主要是

H5亚型毒株，发病后迅速死亡，死亡率可达90%～100%（图3–1）。发病稍慢的出现精神沉郁（图3–2），采食量急剧下降，体温升高，呼吸困难；病鸭排黄白色、黄绿色、绿色稀粪；头、颈出现水肿，腿部皮肤出血（图3–3），后期出现神经症状，表现为扭头、转圈、歪头、斜头等（图3–4），产蛋鸭出现产蛋率急剧下降。

图3–1　感染高致病性禽流感死亡的肉鸭

图3–2　病鸭精神沉郁，羽毛蓬松

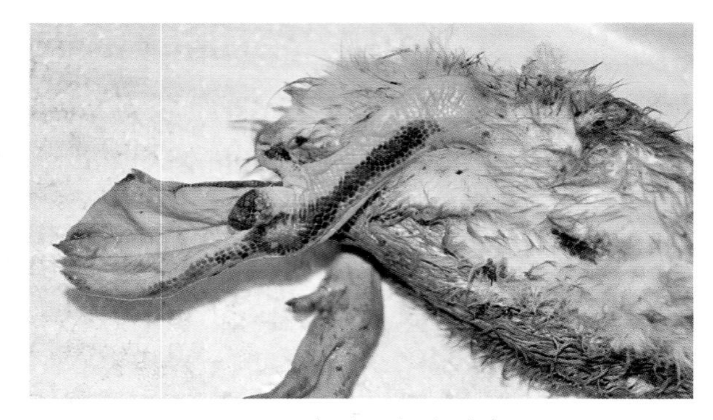

图 3–3　病鸭腿部皮肤出血

图 3–4　病鸭头颈扭转

低致病性禽流感：肉鸭单独感染低致病性禽流感病毒（H9 亚型），不表现明显症状。鸭群遇到管理应激，如扩群、免疫，气候骤变，垫料、饲料霉变等因素，此时感染 H9 亚型禽流感病毒，鸭群会表现精神不振，采食量下降。个别病鸭出现呼吸道症状，肿眼、流泪

（图 3–5），死淘率增加。产蛋鸭出现产蛋率下降，软壳蛋、砂壳蛋增多（图 3–6）。种蛋的受精率、孵化率也会受影响，死胚、弱雏增多。

图 3–5　病鸭流带泡沫的眼泪

图 3–6　种鸭所产畸形蛋

【病理变化】高致病性禽流感：主要以全身的浆膜、黏膜出血为主。表现为喉头、气管、肺脏出血（图3–7、图3–8）；心冠脂肪、心内膜、心外膜有出血点，心肌纤维有黄白色条纹状坏死（图3–9、图3–10）；胸、腹部脂肪有出血点；腺胃乳头出血，腺胃与肌胃交界处、肌胃角质膜下出血（图3–11、图3–12）；胰腺有黄白色坏死斑点、出血或液化（图3–13、图3–14）；十二指肠、盲肠扁桃体出血等（图3–15）。产蛋的鸭卵泡变形、出血、破裂，卵黄散落到腹腔中，形成卵黄性腹膜炎（图3–16）。输卵管黏膜充血、出血、水肿，管腔内有浆液性、黏液性或干酪样物渗出（图3–17）。

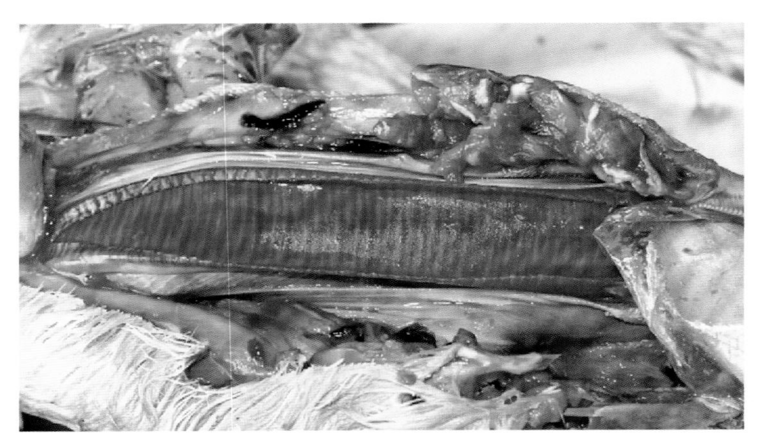

图3–7　鸭气管环弥漫性出血

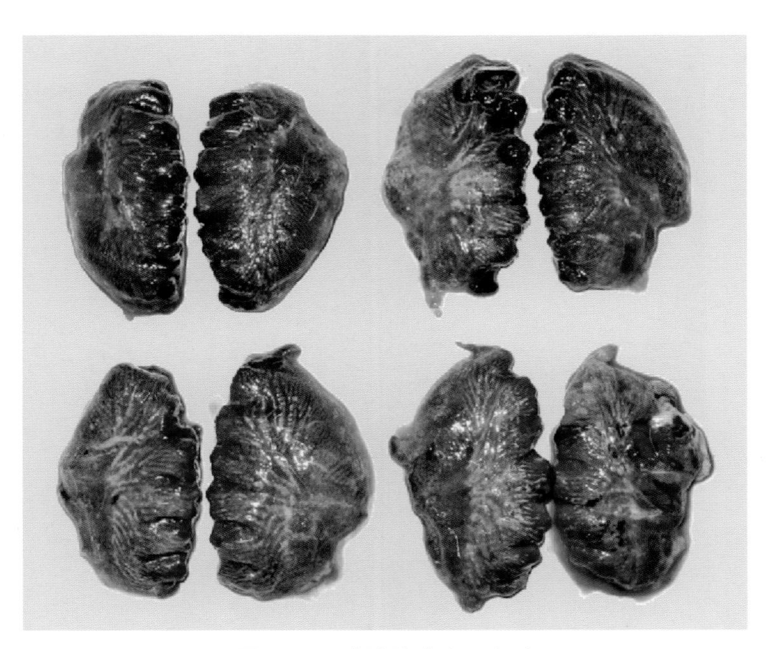

图 3-8　鸭肺脏出血、水肿

图 3-9　鸭心冠脂肪有大小不一的出血点

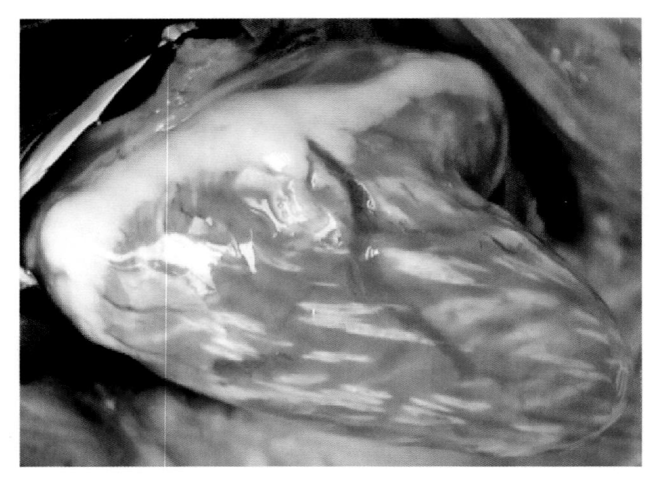

图 3-10　鸭心肌呈条纹状坏死

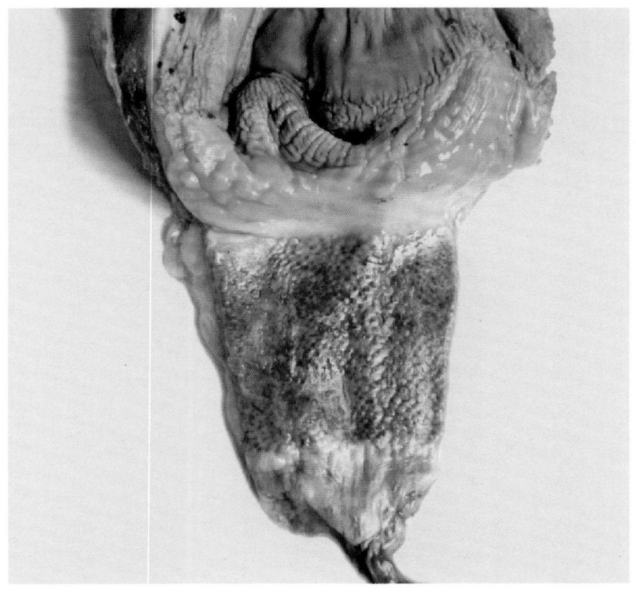

图 3-11　鸭腺胃出血

图 3-12　鸭肌胃角质膜下出血

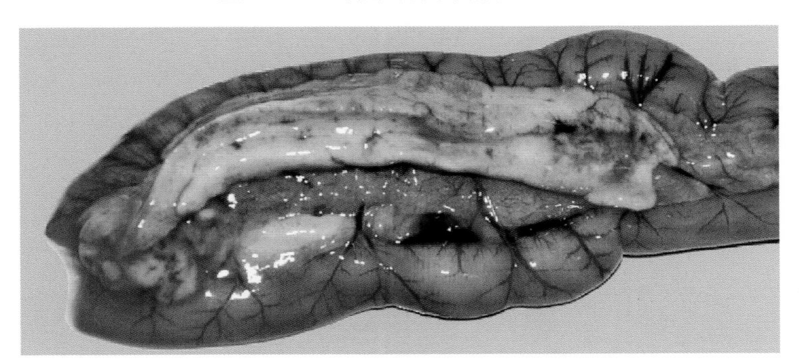

图 3-13　鸭胰腺出血

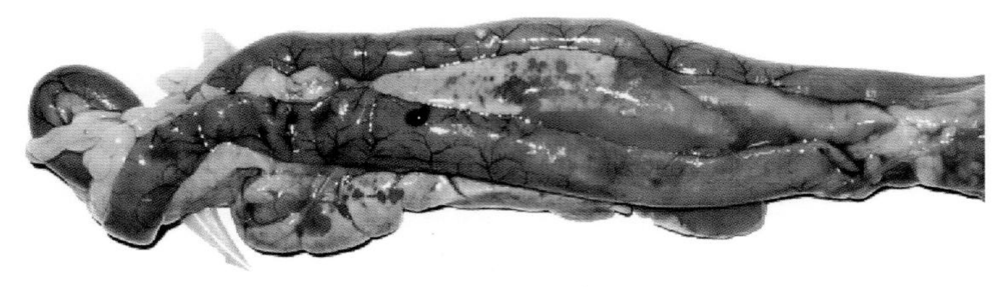

图 3-14　鸭胰腺液化

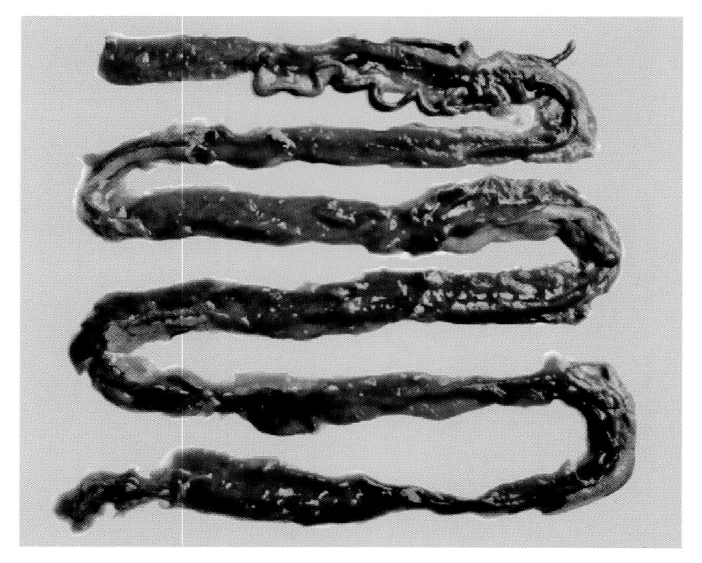

图 3-15　肠黏膜弥漫性出血

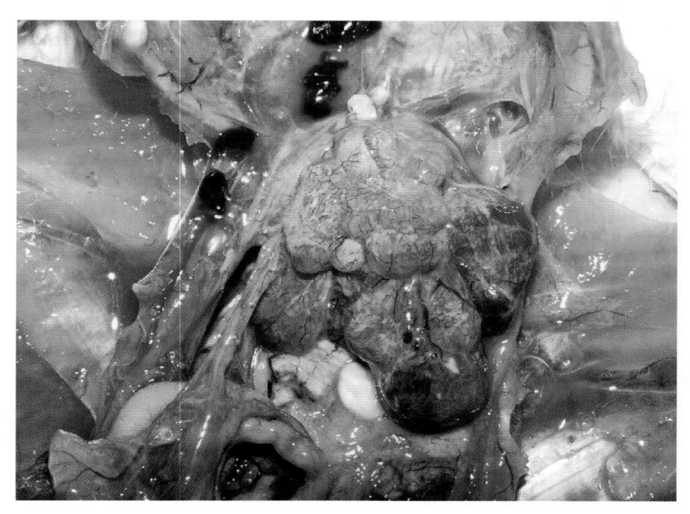

图 3-16　蛋鸭卵泡液化变形

图 3-17　蛋鸭输卵管内分泌物

【诊断】根据该病的流行病学、症状和大体病变，可做出初步诊断。该病发病特点与很多病相似，且血清型多，若要确诊，需要进行实验室诊断。

【预防】主要采取综合性的预防措施。

①制定严格的生物安全措施。实行全进全出的饲养管理制度，控制人员及外来车辆的出入，加强环境卫生管理和消毒工作；避免鸭群与野鸟接触，防止水源和饲料被污染；不从疫区引进雏鸭和种蛋；做好灭蝇、灭鼠工作；对病死鸭以及鸭场废弃物进行无害化处理。严格执行产地检疫和屠宰检疫，加强运

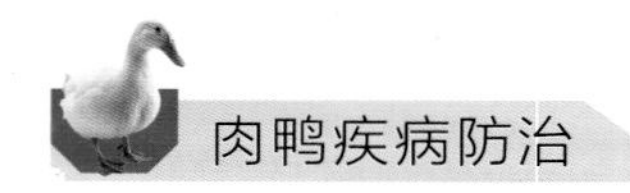

输、销售和交易等环节的监督管理。如发生疑似高致病性禽流感疫情，应上报有关部门，按有关规定进行处置。

②免疫预防。疫苗免疫是控制禽流感的重要措施，但只有制苗种毒的抗原性与流行毒株的抗原性相匹配时，免疫措施才有效。用禽流感病毒油乳佐剂灭活疫苗免疫种鸭和蛋鸭时，可在2周龄左右进行首次免疫，在10周龄左右进行第2次免疫，开产前2周第3次免疫。在产蛋期间，对鸭群进行定期抗体监测，根据抗体检测结果，确定合理的免疫程序。盲目地增加免疫剂量或免疫次数，不仅会浪费人力物力，还会给鸭群带来不必要的应激，严重影响生产性能。

商品肉鸭饲养周期短，疫苗免疫后抗体滴度较低，一般不提倡免疫禽流感疫苗。在疫区，可尝试1周龄和3周龄进行两次免疫。

（二）鸭新城疫

新城疫病毒是否会导致鸭发病和死亡，不同研究者尚有不同看法。很多研究都证明，北京鸭、樱桃谷鸭、枫叶鸭等北京鸭系列肉鸭品种以及麻鸭，对新城疫病毒通常表现为无症状感染。但番鸭和半番鸭感染后，可表现不同的症状。

【病原】新城疫病毒属于副黏病毒科、副黏病毒亚科、禽腮腺炎病毒属，种名为禽腮腺炎病毒1型，曾用禽副黏病毒Ⅰ型作为种名。病毒能凝集鸡、火鸡、鸭、鹅、鸽子等禽类的红细胞，可根据血凝－血凝抑制试验来鉴定该病毒。病毒对热敏感；在酸性或碱性溶液中易被破坏；对乙醚、氯仿等有机溶剂敏感；对一般消毒剂的抵抗力不强，2%氢氧化钠、1%来苏儿、3%石炭酸、1%～2%的甲醛溶液中几分钟就能杀死该病毒。

【流行病学】传染源是病鸭、带毒鸭；呼吸道、消化道、皮肤或黏膜的损伤均可引起感染。患病鸭的蛋中能分离到该病毒，因此本病可能会垂直传播。

【症状】病初表现为食欲降低、饮水量增加、缩颈闭目、两腿无力、离群呆立；初期排白色水样稀粪，中期变为红色，后期粪便颜色变绿或变黑；有的病鸭呼吸困难，口中有黏液；有的出现转圈或角弓反张等神经症状（图3-18）。产蛋鸭感染后产蛋率下降，软壳蛋、无壳蛋增多。

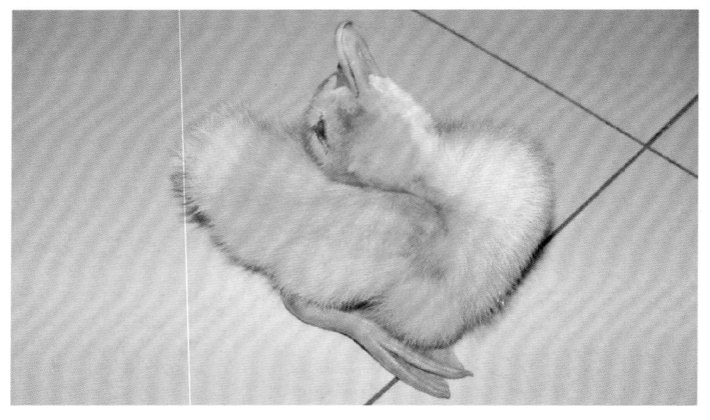

图 3-18 雏鸭感染副黏病毒后出现神经症状

【病理变化】心冠脂肪有大小不一的出血点；气管环出血（图 3-19），肺脏出血（图 3-20）。肝脏肿大，呈紫红色。脾脏肿大，有大小不一的白色坏死灶（图 3-21）。腺胃出血（图 3-22），腺胃与肌胃交界处有出血点；十二指肠、空肠、回肠黏膜局灶性出血、溃疡（图 3-23）。产蛋鸭卵泡变形，严重的破裂。

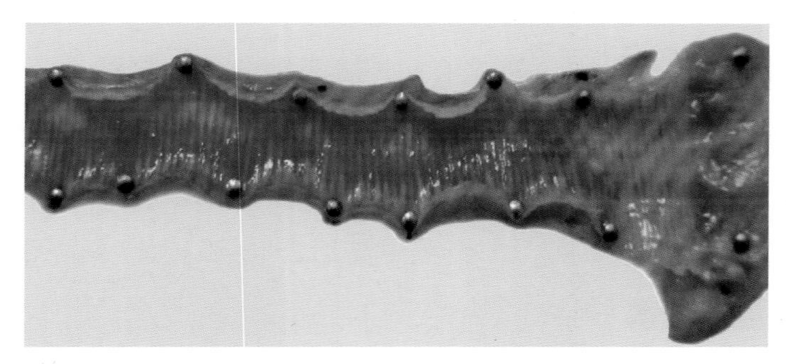

图 3-19 鸭气管环出血

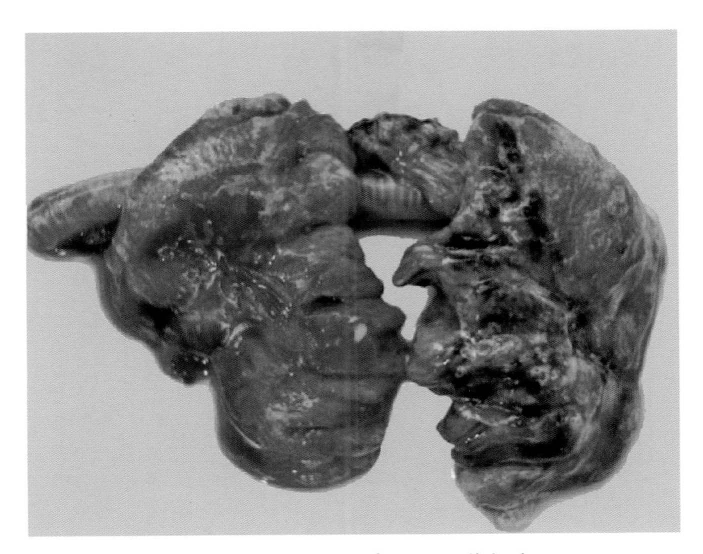

图 3-20　鸭肺脏出血，呈紫红色

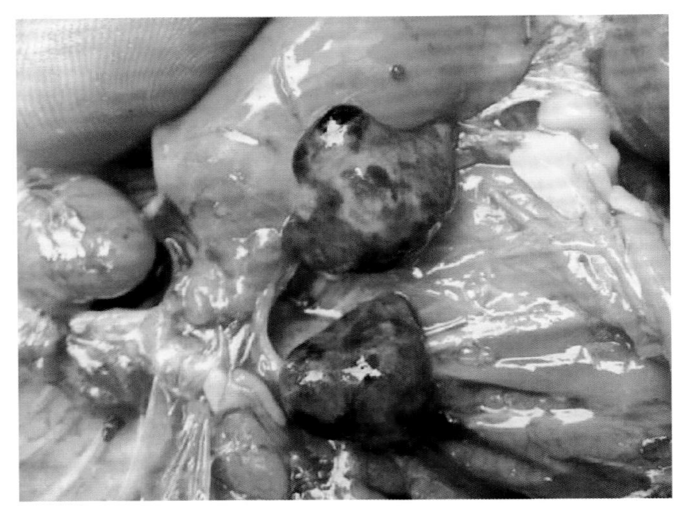

图 3-21　鸭脾脏肿大，表面有坏死灶

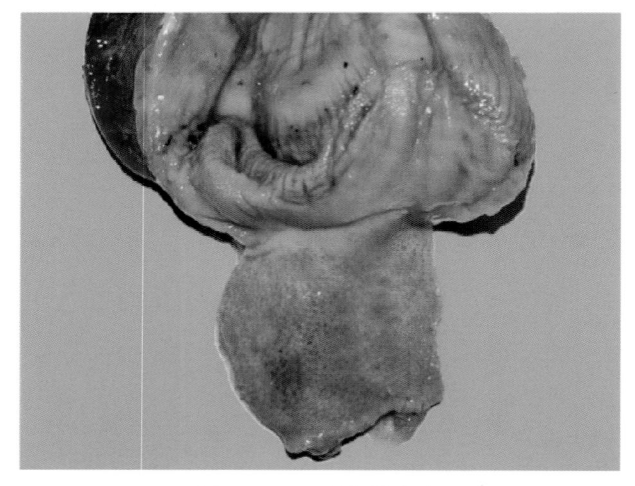

图 3-22　鸭腺胃出血

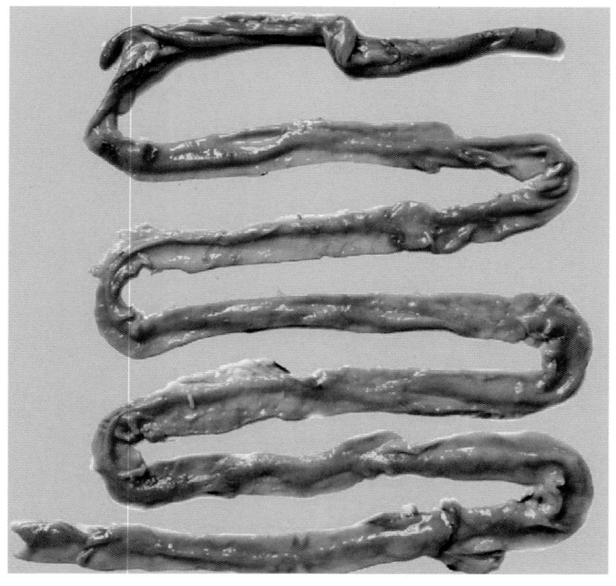

图 3-23　鸭肠黏膜有纤维素性坏死灶

【诊断】根据流行病学、症状和剖检变化可以做出初步诊断。本病主要是消化道症状明显，排稀粪，有的表现神经症状。病理变化特点主要是肠道出血、溃疡，脾脏有白色坏死灶等。

【预防】实行严格的生物安全措施。科学选址，建立健全卫生防疫制度及饲养管理制度。

免疫接种：使用新城疫油乳剂灭活苗，对易感鸭群进行免疫。7～14 日龄每只皮下或肌肉注射油乳剂灭活苗 0.3～0.5 ml，首免后 2 个月进行第 2 次免疫，产蛋前 2 周，每只皮下或肌肉注射油乳剂灭活苗 0.5～1.0 ml，抗体维持可达半年左右。

（三）鸭呼肠孤病毒病

鸭呼肠孤病毒病是由鸭源禽呼肠孤病毒毒株引起的一类疾病。根据大体病变，可将鸭呼肠孤病毒病分为 3 种类型，第一类是番鸭白点病，特点是肝脏、脾脏等内脏器官出现白色坏死点；第二类是番鸭新肝病或鸭出血性坏死性肝炎，特征病变是肝脏有不规则坏死灶和出血灶；第三类是鸭脾坏死病，主要危害北京鸭、樱桃谷鸭和麻鸭等品种，特征病变是脾脏出现

1个或数个坏死灶。6周龄以上青年鸭可见关节病变。

【病原】最初将番鸭白点病的病原称为番鸭呼肠孤病毒，将番鸭新肝病或鸭出血性坏死性肝炎的病原称为新型番鸭呼肠孤病毒，将鸭脾坏死病的病原称为鸭新型呼肠孤病毒。这些病毒均属呼肠孤病毒科正呼肠孤病毒属成员，可归属为禽呼肠孤病毒的水禽源毒株。按基因序列，可将番鸭呼肠孤病毒和在匈牙利报道的鹅呼肠孤病毒划分为水禽源毒株的基因1型，新型番鸭呼肠孤病毒、鸭新型呼肠孤病毒以及引起鹅出血性坏死性肝炎的毒株划分为水禽源毒株的基因2型。鸭源毒株均无囊膜，直径约75 nm，不凝集禽类及哺乳动物的红细胞。对热、乙醚、氯仿等有抵抗力，对2%的来苏儿、3%的甲醛有抵抗力，对2%～3%氢氧化钠、70%乙醇敏感。

【流行病学】各种鸭均可发生呼肠孤病毒病，但疾病发生与毒株和日龄密切相关。番鸭对基因1型和2型毒株均易感，但北京鸭、樱桃谷鸭、麻鸭等品种主要对基因2型毒株易感。白羽肉鸭1～2周龄、种鸭5～8周龄是发病高峰期。发病率和死亡率与鸭的日龄密切相关，日龄越小，发病率、死亡率越高。病鸭和带毒鸭是主要的传染源，既可水平传播，也可经卵垂直传播。

【症状】雏鸭主要表现为精神萎靡、食欲减退，羽毛蓬乱，排白色或绿色稀粪。两腿无力，多蹲伏。腹泻（图 3–24），死淘率明显升高。青年鸭不愿走动，驱赶表现踮脚跛行（图 3–25）。

图 3–24　发病鸭精神沉郁

图 3–25　病鸭踮脚跛行

【病理变化】番鸭白点病的特征性病变为肝脏、脾脏和肾脏表面有针尖大的白色坏死点。北京鸭、樱桃谷鸭和麻鸭发生鸭脾坏死病后，脾脏出现一个到数个坏死斑，在感染鸭群，不同病例的脾脏坏死程度有所不同（图 3–26）；一些病例同时可见肝脏有黄白色坏死灶（图 3–27），关节肿胀的青年鸭，可见跗关节皮下出血（图 3–28），关节腔中、腿部肌肉内有淡黄色脓性或

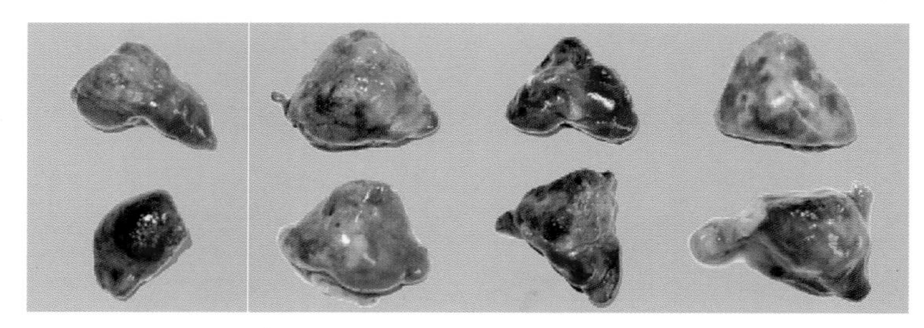

图 3–26　雏鸭脾脏肿大、坏死

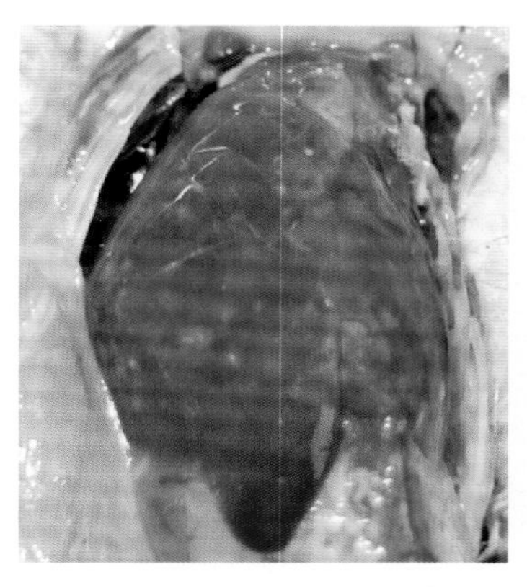

图 3–27　雏鸭肝脏肿大，表面有黄白色坏死

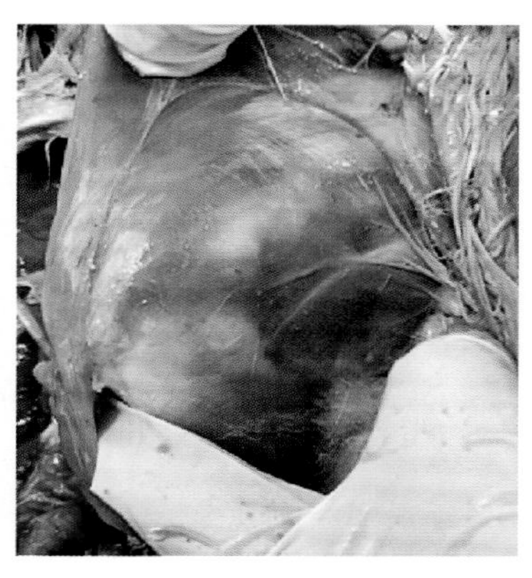

图 3–28　青年鸭跗关节皮下出血

干酪样渗出物，关节软骨受损（图 3–29、图 3–30），严重者肌腱断裂（图 3–31）。

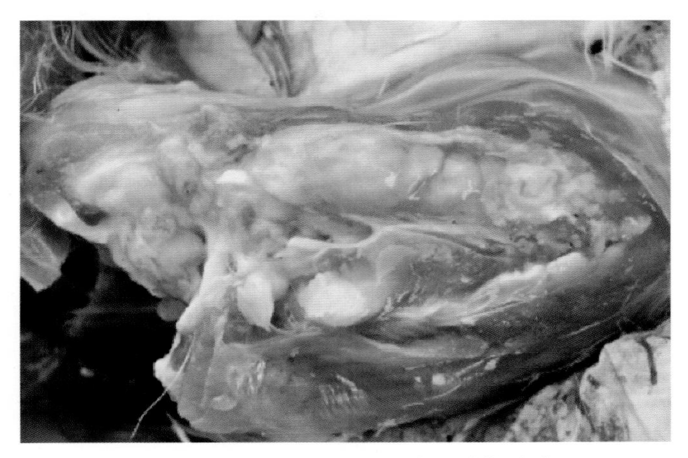

图 3–29　关节周围肌肉内干酪物渗出

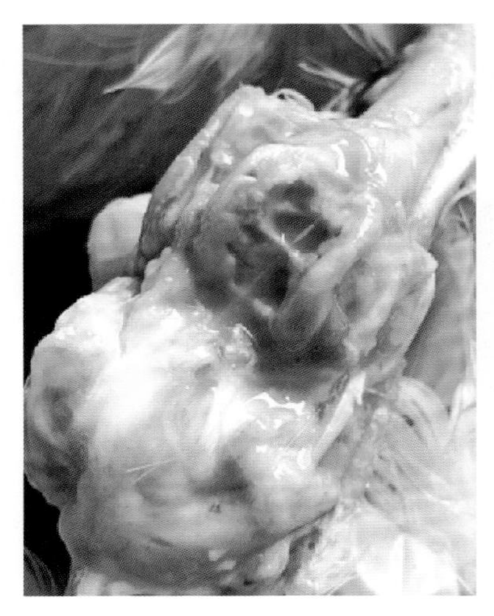

图 3–30　关节软骨损伤

图 3–31　肌腱断裂

【诊断】脾脏和关节的病理变化具有特征性，据此可做出诊断。如需确诊，需进行病毒分离和鉴定。分离基因1型毒株，宜采用番鸭胚；分离基因2型毒株，可采用鸡胚、番鸭胚、北京鸭胚。用中和试验、琼脂扩散试验和RT–PCR等技术可对分离株进行鉴定。

【预防】采取严格的生物安全措施，加强环境的卫生消毒工作，减少病原的污染。

油乳剂灭活苗对鸭呼肠孤病毒感染有一定的预防效果，种鸭在开产前1个月左右进行油乳剂灭活苗的免疫，可以使后代获得母源抗体，防止雏鸭早期感染。控制番鸭呼肠孤病毒病时，应使用含基因1型和2型毒株的二价疫苗。

【治疗】对发病的鸭采用高免卵黄抗体进行治疗，注射用基因1型和2型毒株制备的高滴度抗体产品，配合使用抗生素防止继发感染，能有很好的治疗效果。

（四）鸭病毒性肝炎

鸭病毒性肝炎是鸭的一种急性、高度致死性传染病，多发生于3周龄内雏鸭，病死鸭多呈角弓反张样外观，特征病变是肝脏有出血斑点。

【病原】鸭病毒性肝炎的病原包括鸭甲肝病毒和鸭星状病毒。鸭甲肝病毒分为3个基因型（1～3型），对应于历史上所称的鸭肝炎病毒血清1型以及2007年在中国台湾和韩国报道的新血清型，分类上属小RNA病毒科禽肝病毒属，种名为禽肝病毒A型（*Avihepatovirus* A）。鸭星状病毒指鸭星状病毒1型和2型，对应于历史上所称的鸭肝炎病毒血清2型和3型，分类上属星状病毒科禽星状病毒属。目前鸭星状病毒的准确分类地位还有待于明确。

鸭甲肝病毒呈球形，直径为20～40 nm，无囊膜。鸭星状病毒1型呈星状，直径为28～30 nm。但鸭星状病毒2型的外观并无星状病毒的特点，在电镜下观察病毒感染的鸭肾细胞培养物，可在胞浆中见到直径约为30 nm并呈晶格状排列的颗粒。

【流行病学】本病主要发生于5周龄以内的雏鸭，危害程度与雏鸭的日龄密切相关。1周龄以内的雏鸭发病率和死亡率可达90%以上，1～3周龄的雏鸭病死率为50%左右，5周龄以上的雏鸭很少发病死亡。成年鸭多呈隐性感染，近年来发现成年鸭感染鸭肝1型病毒，表现产蛋下降，主羽脱落。病毒主要通过消化道和呼吸道传播，易感鸭群与病鸭或带毒鸭直接

接触也能感染该病，鼠类也可机械性地传播本病。本病一年四季均可发生，饲养管理不良，鸭舍阴暗潮湿，卫生条件差，饲养密度过大，缺乏维生素和矿物质等都能促进本病的发生。

【症状】该病的潜伏期 1 ~ 2 d，发病急、传播快、病程短。发病初期主要表现为精神沉郁、食欲下降、缩颈、行动呆滞、眼半闭呈昏睡状（图 3–32）。随着病程的发展，病鸭很快出现神经症状，主要表现为运动失调，身体倒向一侧，翅膀下垂，两脚痉挛性地反复踢蹬（图 3–33），全身性抽搐；有时在地上旋转，抽搐约十几分钟或几小时后便死亡。死时头颈向后背部扭曲，呈角弓反张，俗称“背脖病”（图 3–34）。蛋鸭出现不明原因的采食和产蛋下降，主羽脱落（图 3–35）。

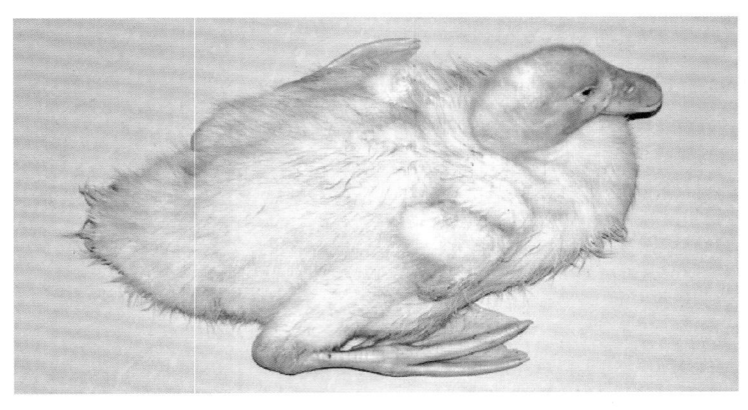

图 3–32　病鸭精神沉郁

图 3–33　病鸭临死前的神经症状

图 3–34　鸭死后角弓反张

图 3–35　成年鸭主羽脱落

【病理变化】该病的特征性病变在肝脏，主要表现为肝脏肿大，质脆易碎，有大小不等的出血点或出血斑（图 3–36）；10 日龄以内发病的雏鸭肝脏常呈

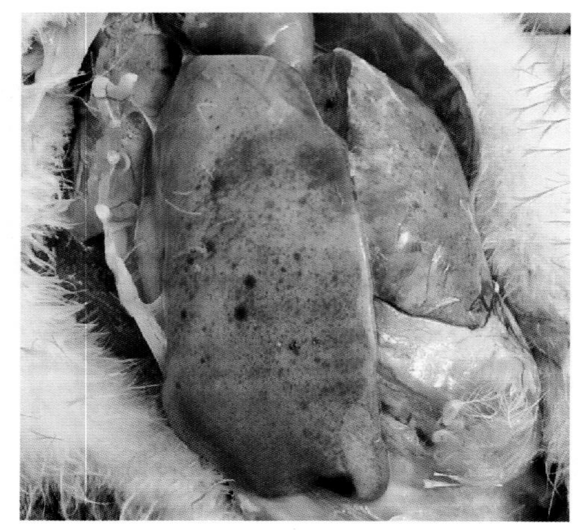

（1）

（2）

图 3–36　鸭肝炎病变

土黄色或红黄色，10～30 日龄发病的常呈灰红色或黄红色。胆囊肿胀、充盈胆汁，部分病例肾脏肿大出血，有时脾脏肿大呈斑驳状。产蛋鸭消瘦，卵巢萎缩变形（图 3–37）。

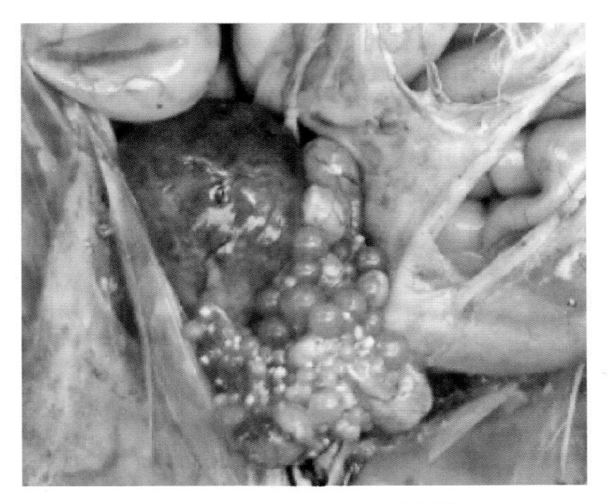

图 3-37 产蛋鸭卵巢萎缩

【诊断】本病的流行病学、症状和大体病变具有特征性。即 1 周龄左右的雏鸭突然发病，在 3～5 d 内大量雏鸭死亡，死亡鸭大多呈角弓反张样，肝脏肿大有出血斑点，据此易对本病做出诊断。但要确定致病病原，则需对病原进行分离、检测或鉴定。快速的方法是用鸭甲肝病毒和星状病毒的 RT-PCR 对肝脏样品进行检测，并对扩增产物进行测序和序列分析。

【预防】加强饲养管理。本病的暴发多是从疫区或疫场引入雏鸭所致，因此，实施自繁自养的措施、建立严格的隔离消毒制度有助于本病的控制。

种鸭开产前 1 个月免疫一次鸭甲肝病毒弱毒疫苗，间隔 2 周后，再加强免疫一次，可为后代雏鸭提供一定

的保护。在此基础上，后代雏鸭在1日龄时免疫鸭甲肝病毒弱毒疫苗，可安全度过易感期。因鸭甲肝病毒的基因1型和3型在我国养鸭业共流行，需使用1型和3型二价疫苗。尚无鸭星状病毒的商品化疫苗可供使用。

【治疗】经皮下或肌肉注射途径接种鸭甲肝病毒高免卵黄抗体0.5 ml，能有效减少死亡。抗体制品中是否含有足够效价的抗鸭甲肝病毒1型和3型的抗体是影响效果的关键因素。尚无鸭星状病毒的抗体产品可供使用。

（五）番鸭细小病毒病

番鸭细小病毒病，又称雏番鸭“三周病”，是由番鸭细小病毒引起的一种急性、败血性、高度传染性的疾病，主要侵害1～3周龄的雏番鸭，以腹泻、呼吸困难和软脚为主要症状，发病率和死亡率高。

【病原】病原是番鸭细小病毒，也称鸭细小病毒，属于细小病毒科细小病毒亚科依赖细小病毒属，病毒种名为雁形目依赖细小病毒1型。鸭细小病毒是一种无囊膜的二十面体对称病毒，呈大致球形，直径为

20 ~ 22 nm。病毒对各种动物的红细胞均无凝集作用。能在番鸭胚或鹅胚以及这两种胚的原代细胞中繁殖。

【流行病学】在自然条件下，多发生于1 ~ 3周龄的番鸭，死亡率通常为20% ~ 50%，死亡高峰在出现症状后3 ~ 4 d。3周龄后死亡逐渐停止。

病番鸭和带毒番鸭是主要的传染源，分泌物和排泄物能排出大量病毒，污染饲料、饮水、器具、工作人员等，易感番鸭主要通过消化道感染，引起发病，造成疾病的传播。种蛋被污染，使出壳的雏番鸭发病。本病发生没有明显的季节性，但是冬春季节的发病率和死亡率较高。

【症状】潜伏期4 ~ 9 d，病程2 ~ 7 d，病程的长短与发病日龄密切相关。根据病程长短分为最急性型、急性型和亚急性型。

最急性型：主要发生于6日龄以内的雏番鸭，发病急，病程短，只持续数小时。多数病雏没有表现出特征性症状就衰竭、倒地死亡。临死时两腿乱划，头颈向一侧扭曲。

急性型：多发生于7 ~ 14日龄雏番鸭。主要表现为精神委顿，羽毛松乱，两翅下垂，尾端向下弯曲，行动无力，懒于走动，厌食，离群呆立；腹泻，排出灰白或淡绿色的稀粪，黏附于肛门周围；呼吸困难，喙端发绀；后期常常蹲伏，张口呼吸。病程一般为2～4 d，临死前，病雏两腿麻痹，倒地，衰竭而死。

亚急性型：多发生于日龄较大的雏鸭。主要表现为精神委顿，蹲伏，两腿无力，行走迟缓，排灰白色或黄绿色稀粪，黏附于肛门周围。病程一般为5～7 d，病死率较低，大部分病愈鸭出现颈部、尾部脱毛，嘴变短，生长发育受阻，成为僵鸭。

【病理变化】最急性型：病程短，病理变化不明显，仅仅在肠道内出现急性卡他性炎症。

急性型和亚急性型：特征性病变主要表现为空肠中、后段显著膨胀，剖开肠管可见一小段质地松软的黄绿色黏稠渗出物，长3～5 cm，主要由脱落的肠黏膜、炎性渗出物和肠内容物组成；肠黏膜有不同程度的充血和点状出血，尤其是十二指肠和直肠后段（图3–38）；

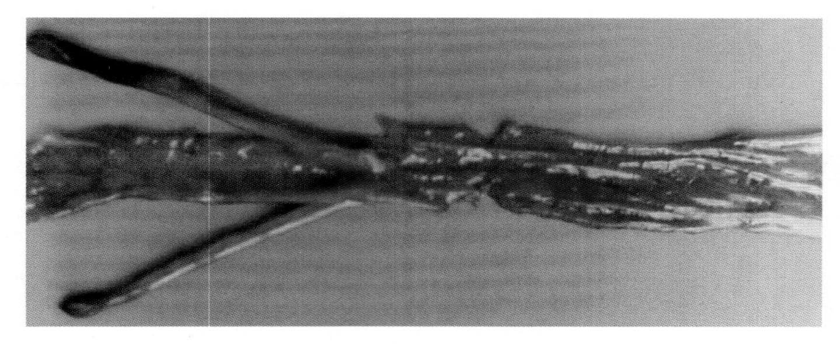

图3–38　番鸭直肠黏膜出血

心脏变圆，心壁松弛，左心室病变明显；肝脏、肾、脾稍肿大；胰腺肿大，表面有针尖大的灰白色病灶（图 3–39）。

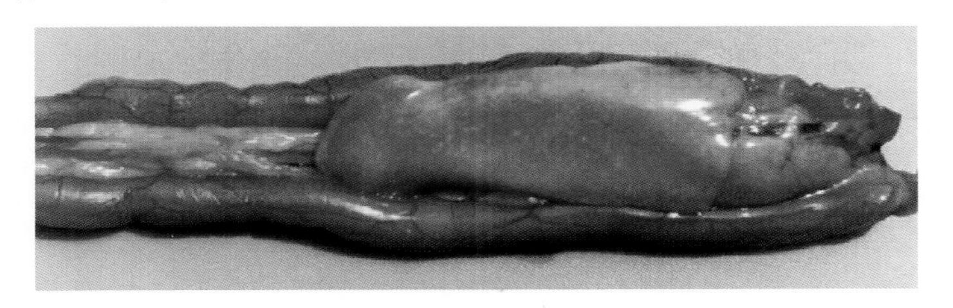

图 3–39　番鸭胰腺有白色坏死点

【诊断】根据流行病学、症状和病理变化可进行初步诊断，但该病发病特征并不明显，特别是该病与番鸭小鹅瘟相似，或与其他疾病发生混合感染。因此，需要在实验室进行鉴别诊断。

【预防】采取严格的生物安全措施，加强饲养管理和卫生消毒工作，减少病原的污染，提高雏番鸭的抵抗力。种蛋、孵坊、孵化用具、育雏室等要严格消毒，刚出壳的雏番鸭避免与新购入的种蛋接触，若孵坊已被污染，应立即停止孵化，彻底消毒。

在开产前 15 d 左右用鸭细小病毒活疫苗对种鸭进行免疫，在免疫 12 d 后至 4 个月内，后代雏鸭能获得较高母源抗体。种鸭免疫 4 个月以后，需进行加强免疫，以使整个产蛋期种鸭体内均有较高水平的抗体。

若种鸭未免疫，或种鸭免疫时间超过4个月，后代雏鸭可在1日龄时免疫活疫苗，免疫后7 d内，保护率达95%左右。

【治疗】雏鸭发病时，立即注射鸭细小病毒抗体制品，可减少死亡。

（六）坦布苏病毒病

坦布苏病毒病是由坦布苏病毒引起的一种急性传染病。该病于2010年春夏之交首先在我国江浙一带发生，随后迅速蔓延至福建、广东、广西、江西、山东、河北、河南、安徽、江苏、北京等地。主要特点是雏鸭瘫痪，死淘率增加；产蛋鸭产蛋率严重下降，给养鸭业造成巨大的经济损失。

【病原】病原属于黄病毒科黄病毒属恩塔亚病毒群的成员，呈圆形或椭圆形，直径40～55 nm。病毒能在鸡胚、鸭胚中增殖，一般3～5 d引起胚体死亡，死亡胚体的尿囊膜增厚，胚体水肿、出血，胚肝出血、坏死。病毒对热敏感，56℃ 30 min即可灭活；对酸敏感，pH越低，病毒滴度下降越明显；不能耐受氯仿、丙酮等有机溶剂。

【流行病学】可感染多个品种的蛋鸭、肉鸭，蛋鸭如康贝尔鸭、麻鸭、绍兴鸭、金定鸭、台湾白改鸭、缙云麻鸭，肉种鸭如樱桃谷鸭、北京鸭以及野鸭等。10～25日龄的肉鸭和产蛋鸭的易感性更强。除鸭外，鸡、鹅、鸽子等禽类也有感染该病毒的报道，尤其是鹅，对该病毒的易感性很强。

坦布苏病毒属于虫媒病毒，蚊子、麻雀在该病毒传播过程中可能起着重要的媒介作用。病鸭可经粪便排毒，从而污染环境、饲料、饮水、器具、运输工具等造成传播；也能垂直感染，带毒鸭在不同地区调运能引起该病大范围的快速传播。该病一年四季均能发生，尤其是秋冬季节发病严重。饲养管理不良、气候突变等也能促进该病的发生。

【症状】雏鸭：以病毒性脑炎为特征，病鸭发病初期表现为采食量下降，排白绿色稀粪；后期主要表现神经症状，如瘫痪，站立不稳，头部震颤，走路呈“八”字脚、容易翻滚、腹部朝上（图3-40、图3-41）、两腿呈游泳状挣扎等。病情严重者采食困难，痉挛、倒地不起，两腿向后踢蹬，最后衰竭而死。

育成鸭：症状轻微，出现一过性的精神沉郁、采食量下降，很快耐过。

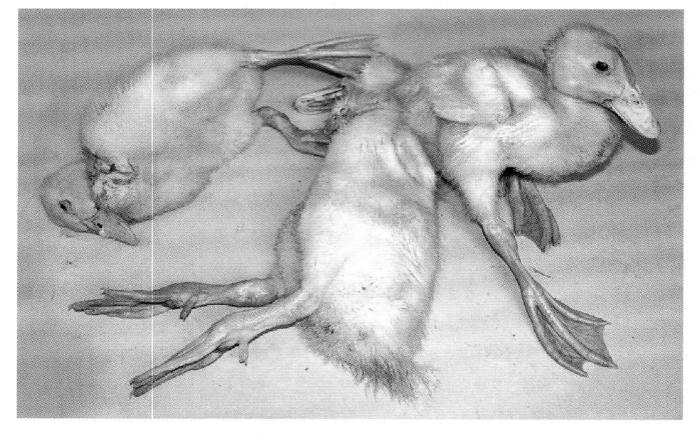

图 3-40　病鸭瘫腿

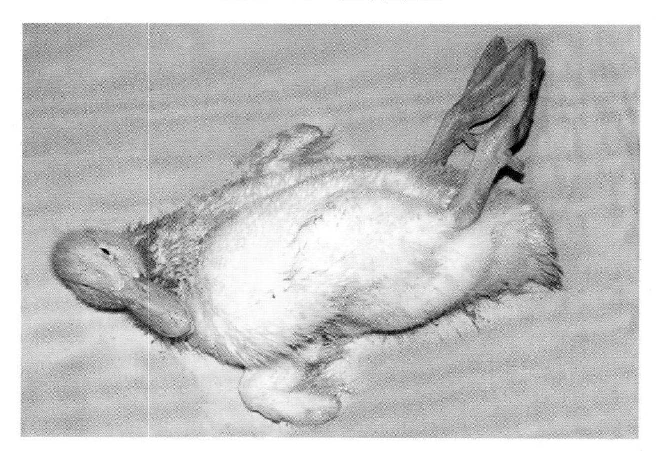

图 3-41　病鸭腹部朝上

产蛋鸭：以产蛋下降为特征。大群鸭精神尚好，采食量下降，个别鸭体温升高，精神沉郁，羽毛蓬松，排绿色稀粪，眼肿胀流泪（图 3-42）。产蛋大幅下降，1～2 周内由 80%～90% 下降至 10% 以下，每日降幅可达 5%～20%，30～35 d 后产蛋率逐渐恢复。发病率高达 100%，死淘率 5%～15%，继发感染时死淘率可达 30%。流行早期，病鸭一般不出现神经症状；流行后期，神经症状明显，表现瘫痪、步态不稳、共济失调（图 3-43）。种蛋受精率降低 10% 左右。

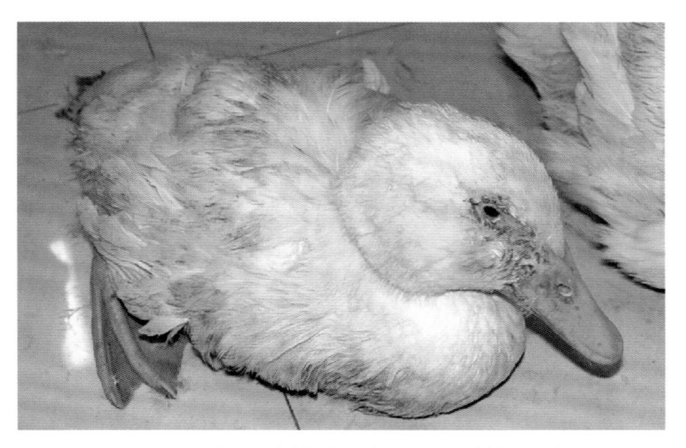

图 3-42　产蛋鸭精神沉郁、羽毛蓬松、流泪

图 3-43　产蛋鸭瘫痪

【病理变化】雏鸭：脑水肿，脑膜充血、有大小不一的出血点（图 3-44）；肾脏红肿或有尿酸盐沉积；心包积液；肝脏肿大呈土黄色（图 3-45），腺胃出血（图 3-46），肠黏膜弥漫性出血；肺脏水肿、出血（图 3-47）。

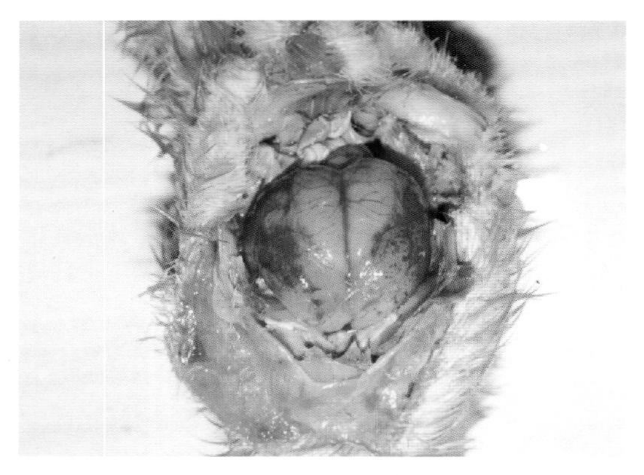

图 3-44　鸭脑膜充血

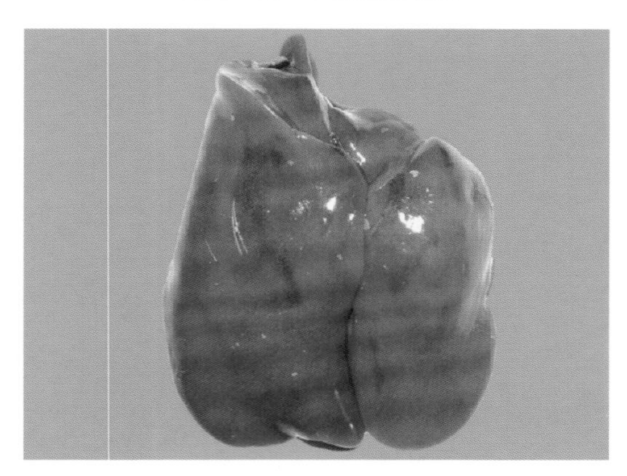

图 3-45　鸭肝脏肿大，呈土黄色

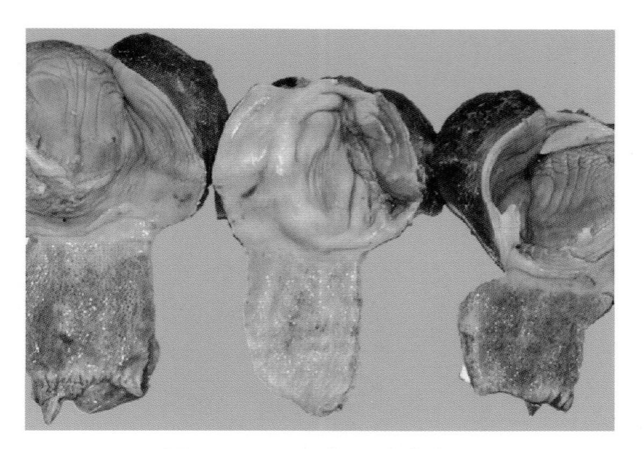

图 3-46　鸭腺胃黏膜出血

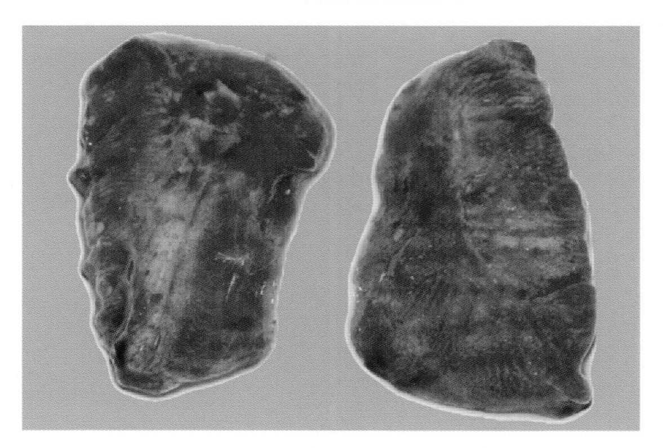

图 3-47　肺脏出血、水肿

育成鸭：脑组织有轻微的水肿，有时可见轻微的充血。

产蛋鸭：主要病变在卵巢，表现为卵泡变形、萎缩，卵黄变稀，严重的卵泡膜充血、出血、破裂，形成卵黄性腹膜炎（图 3-48、图 3-49）。腺胃出血；胰腺出血、液化（图 3-50）；肝脏肿大，呈浅黄色；脾脏肿大、出血；心肌苍白，心冠脂肪有大小不一的出血点（图 3-51）。公鸭可见睾丸体积缩小，重量减轻，输精管萎缩。

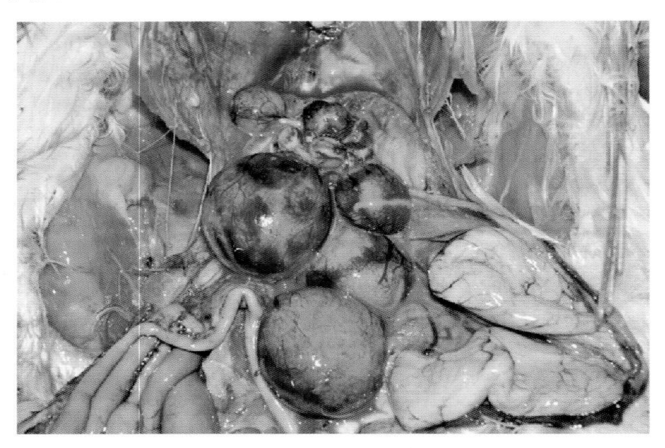

图 3-48　卵泡膜出血

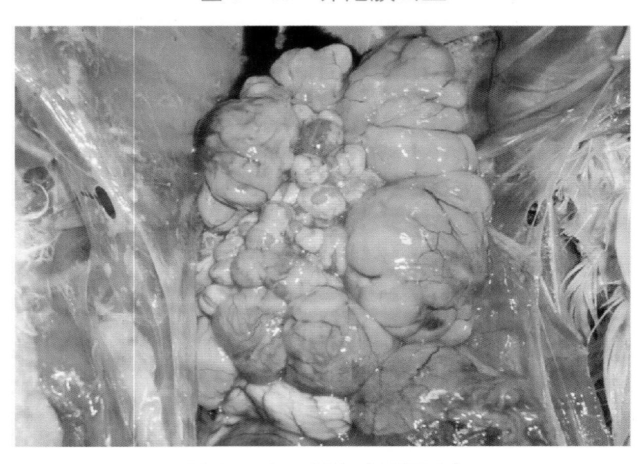

图 3-49　卵泡变形破裂

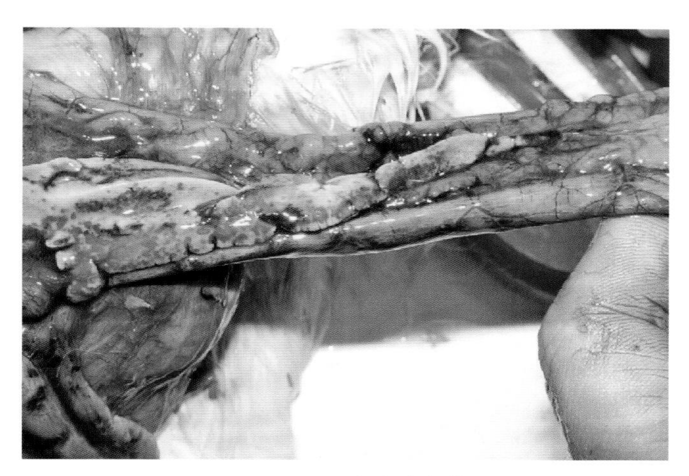

图 3-50　鸭胰腺液化

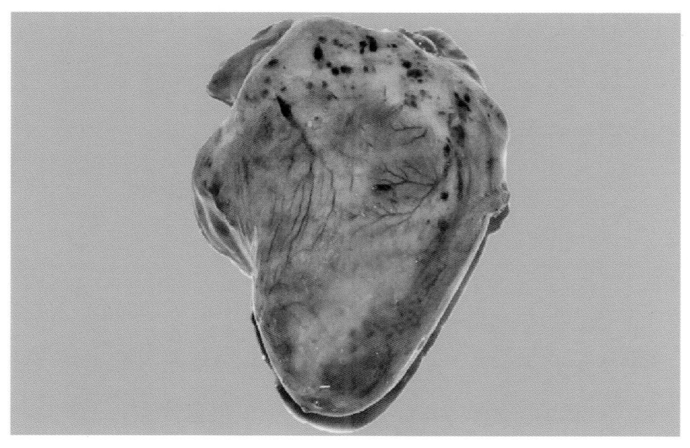

图 3-51　心冠脂肪出血

【诊断】产蛋鸭感染坦布苏病毒后，产蛋量变化规律有特征性；雏鸭感染后，鸭群中出现一定比例的瘫痪病例。根据这些发病表现可做出初步诊断，进行病毒分离或检测有助于确诊。

【预防】加强饲养管理，减少应激因素，定期消毒，提高鸭的抵抗力。及时灭蚊、灭蝇、灭虫，以避免蚊虫的叮咬；防止野鸟与鸭接触。

疫苗免疫，种鸭在3周和20周接种两次坦布苏病毒弱毒活苗，免疫抗体可持续至50周，以后根据饲养周期再进行加免。灭活疫苗在产蛋前免疫3次，也可获得很好的免疫效果。坦布苏病毒病高发区的商品鸭可在1周龄免疫一次弱毒活苗。

【治疗】该病目前尚无有效的特异性治疗措施。种鸭发病后，为防止继发感染，可在饲料或饮水中添加抗生素，连用4～5 d。

（七）鸭　瘟

鸭瘟是由鸭瘟病毒引起的一种急性败血性传染病。发病特征主要表现为体温升高，两腿发软无力，下痢，流泪及部分病鸭头颈肿大；剖检可见食道黏膜出血，有灰黄色的伪膜或溃疡，泄殖腔黏膜出血、坏死，肝脏有出血点和坏死点等。本病传播快，发病率和病死率高，是危害养鸭业的重要传染病。

【病原】病原是鸭瘟病毒，又称鸭肠炎病毒，属于疱疹病毒科疱疹病毒属鸭疱疹病毒1型。病毒粒子呈球形，有囊膜。病毒存在于病鸭的内脏器官、血液、骨髓、分泌物和排泄物中。病毒对热敏感，80℃ 5 min 病毒死亡，夏季阳光照射 9 h 病毒毒力消失；对低温抵抗力较强；对乙醚和氯仿敏感；在 pH 7.8～9.0 的条件下经 6 h 病毒滴度不降低，在 pH 3 和 pH 11 时，病毒迅速被灭活；常用的化学消毒剂均能杀灭鸭瘟病毒。

【流行病学】不同日龄、品种的鸭均可感染，其中番鸭、麻鸭、绵鸭易感性最高，北京鸭次之。自然条件下，成年鸭和产蛋母鸭发病和死亡较为严重，1月龄以下雏鸭发病较少。人工感染时，雏鸭却比成年鸭更易感，死亡率也很高。

传染源主要是病鸭、潜伏期及病愈不久的带毒鸭。被病鸭、带毒鸭污染的饲料、饮水、用具和运输工具等，都是造成鸭瘟传播的重要因素。某些野生水禽和飞鸟可能感染或携带病毒，有可能成为传播本病的自然疫源和媒介。在购销和运输鸭群时，也会使本病从一个地区传至另一个地区。

鸭瘟病毒主要通过消化道传播，也可以通过交配、眼结膜和呼吸道传播，吸血昆虫也能成为本病的传播

媒介。本病一年四季均可发生，一般春夏之交和秋季流行最为严重。

【症状】发病初期，病鸭表现为体温升高，一般可升高到42～43℃，甚至达44℃，呈稽留热；病鸭精神沉郁，食欲下降或废绝，饮水增加，常离群呆立，头颈蜷缩，羽毛松乱，排深绿色稀粪（图3－52），两翅下垂；两脚麻痹无力，走路困难，行动迟缓，严重者伏卧在地上不愿走动，驱赶时，两翅扑地走动，走几步后又蹲伏于地上；病鸭两脚完全麻痹时，便会伏卧不起。

图3－52 病鸭精神沉郁，排绿色稀便

病鸭出现流泪和眼睑水肿，这是鸭瘟的一个特征性症状。初期流的是浆液性分泌物，眼睛周围的羽毛被沾湿，之后出现黏液性或脓性分泌物，使眼睑粘连而不能张开（图 3-53），严重者眼睑水肿或外翻，眼结膜充血或有小的出血点，甚至形成溃疡。部分病鸭头颈部肿胀，故本病又俗称为“大头瘟”（图 3-54）。病鸭的鼻腔流出稀薄和黏稠的分泌物，呼吸困难，呼吸时发出鼻塞音，叫声嘶哑，个别病鸭频频咳嗽。

图 3-53　病鸭眼肿胀，流带泡沫的眼泪

图 3-54　病鸭头颈肿胀

发病后期，病鸭体温降低，精神高度沉郁，不久便死亡，病程一般为 2 ~ 5 d。自然流行时，病死率平均在 90% 以上。少数不死的则转为慢性病例，消瘦、生长发育不良，特征性症状是一侧性角膜混浊或溃疡。

【病理变化】鸭瘟特征性的病理变化为口腔黏膜、舌黏膜溃疡（图 3–55），食道黏膜上有纵行排列的灰黄色伪膜或出血点，食道黏膜溃疡（图 3–56、图 3–57）。泄殖腔黏膜表面覆盖一层灰褐色或黄绿色的伪膜，不易剥离，黏膜水肿、有出血斑点（图 3–58）。腺胃与食道膨大部的交界处有灰黄色坏死带或出血带(图 3–59)，肌胃角质层下充血、出血。肠黏膜充血、出血，特别是空肠和回肠黏膜上出现的环状出血带也是鸭瘟的特征性病变（图 3–60）。头颈肿胀的病例，皮下组织有黄色胶冻样浸润（图 3–61）。肝脏肿大，肝表面和切面有大小不等的出血点和灰黄色或灰白色坏死点（图 3–62），少数坏死点的中间有小出血点或周围有环状出血带，这种病变具有诊断意义。胆囊充满胆汁；脾脏肿大，有的有大小不一的灰白色坏死点；胰脏有时出现细小的出血点或灰色的坏死灶；脑膜有时轻度充血；产蛋母鸭的卵巢充血、出血，卵泡破裂，形成卵黄性腹膜炎（图 3–63）。

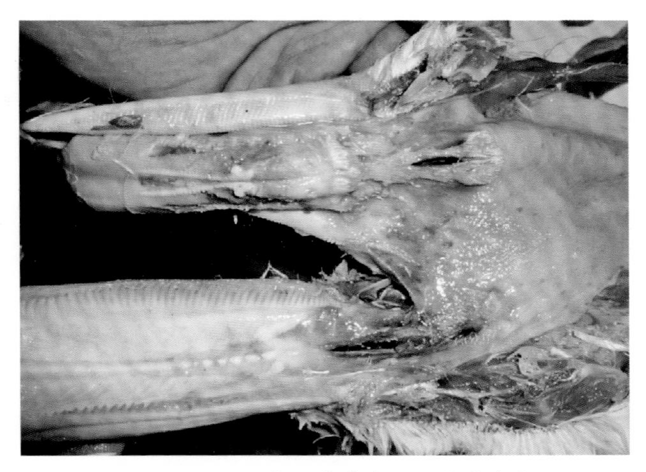

图 3-55　口腔黏膜溃疡，舌黏膜溃疡

图 3-56　食道黏膜出血

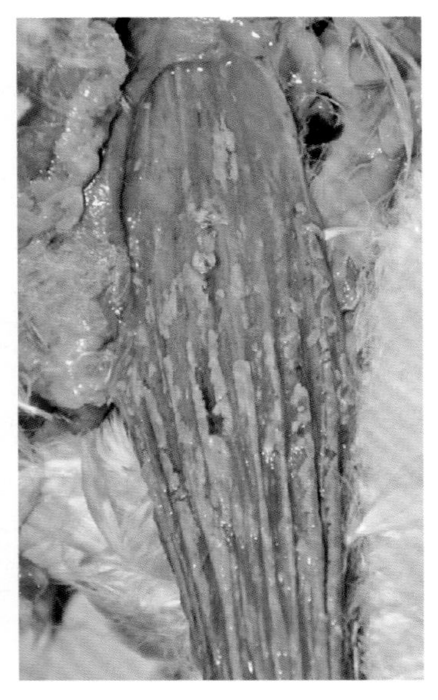

图 3-57　鸭食道黏膜纵行排列的灰黄色伪膜

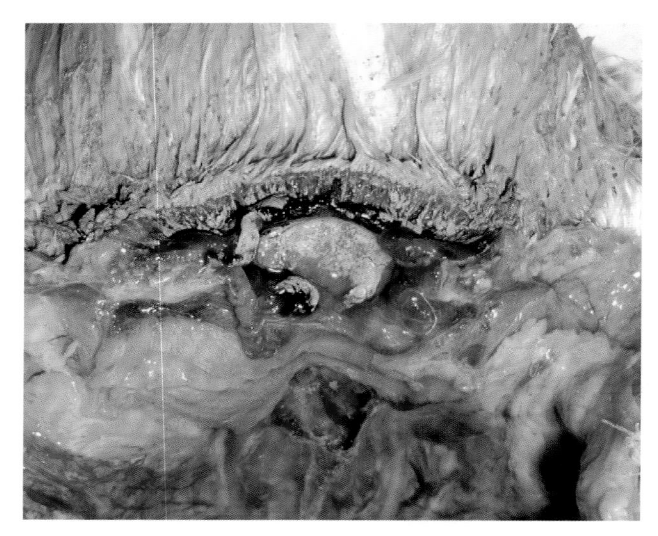

图 3-58　泄殖腔黏膜出血

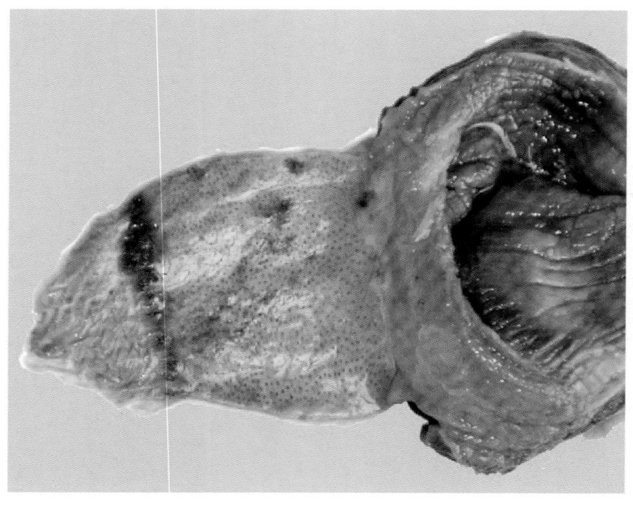

图 3-59　腺胃出血，腺胃与食道交界处有出血带

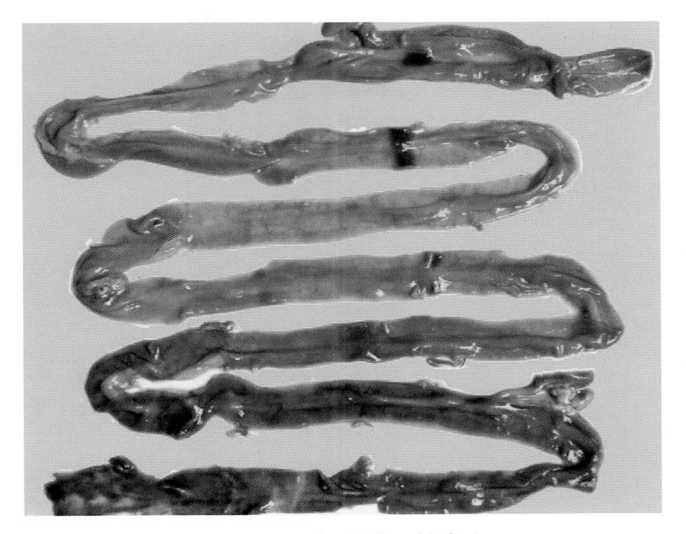

图 3-60　肠黏膜环状出血

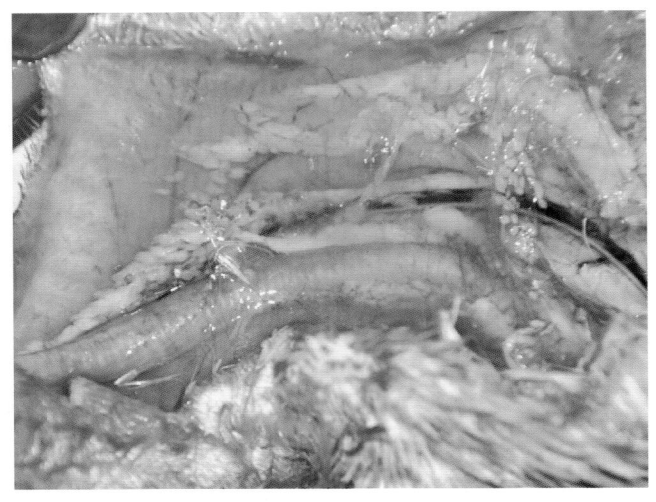

图 3-61　颈部皮下淡黄色胶冻状水肿

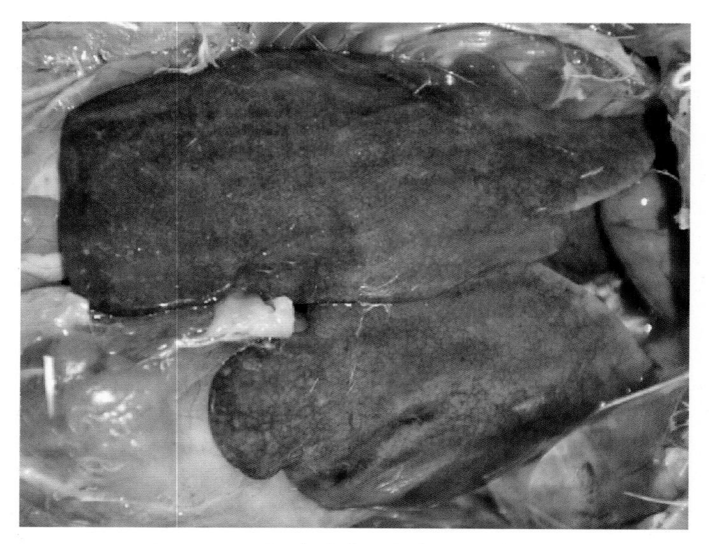

图 3-62　肝脏肿大，有出血和坏死点

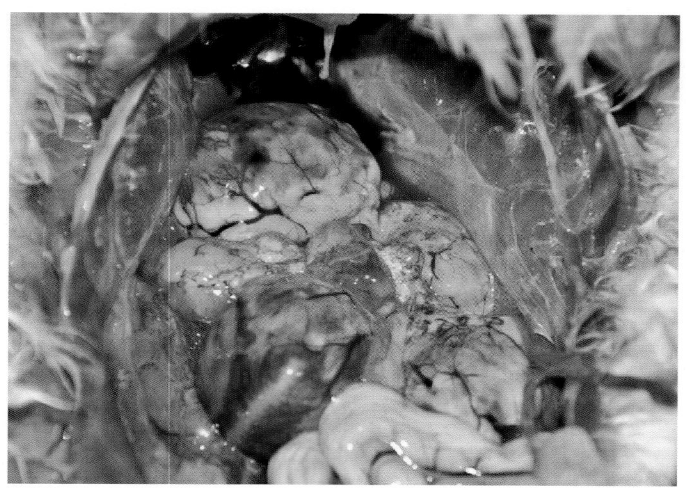

图 3-63　产蛋鸭卵泡变形

【诊断】头部肿胀，食道、肠道、泄殖腔黏膜和肝脏病变具有特征性，据此可对本病做出诊断，进行病毒的分离和鉴定有助于确诊。

【预防】加强饲养管理和卫生消毒制度，坚持自繁自养。不从疫区引进鸭子，对鸭舍、运动场和饲养用具等经常消毒。

免疫接种，鸭瘟活疫苗免疫效果良好。蛋鸭和肉种鸭产蛋前免疫 2～3 次，成年鸭免疫期 5～6 个月。疫苗接种后 3 d，即可产生对鸭瘟的抵抗力。对于应用活疫苗免疫仍连续发生鸭瘟的鸭场，可采用活疫苗与灭活疫苗联合免疫，能较好控制疫情。

【治疗】本病无特异性治疗措施。发生鸭瘟时，紧急接种鸭瘟弱毒疫苗，有一定效果。

（八）鸭短喙与侏儒综合征

鸭短喙与侏儒综合征（SBDS）是危害养鸭业的一种细小病毒病，以喙短、舌外伸与弯曲、生长发育受阻为特征。本病严重影响肉鸭生长发育以及鸭产品品质，对商品肉鸭养殖场和屠宰加工厂造成严重的经济损失。

【病原】病原是鹅细小病毒（GPV）变异株和鸭细

小病毒（DPV）变异株，属细小病毒科细小病毒亚科依赖细小病毒属雁形目依赖细小病毒1型。

GPV变异株可导致半番鸭、北京鸭和樱桃谷鸭发生SBDS，GPV经典毒株仅在一定程度上影响北京鸭增重。GPV变异株和经典毒株具有相似的形态学、培养特性，相同的沉淀反应抗原和基因组结构，但GPV变异株的基因组序列与经典毒株存在一定的差异，属GPV西欧分支。

DPV变异株导致北京鸭、番鸭、半番鸭、褐色菜鸭以及白改鸭发生SBDS，DPV经典毒株仅导致番鸭发生三周病。DPV变异株和经典毒株具有相同的基因组结构以及相似的形态学、抗原性和培养特性，但DPV变异株与经典毒株的基因组序列存在一定的差异。

【流行病学】在我国的流行始于2014年年初，2015～2017年在江苏、安徽、山东、河北、内蒙古和福建等多地发生，造成了巨大的经济损失。

在法国和波兰，主要导致半番鸭发病。在我国，主要危害北京鸭和樱桃谷鸭，部分地区的半番鸭亦受到影响。在感染鸭群，10%～30%的鸭表现典型的症状，在部分鸭群，典型病例比例可高达50%～60%或低于10%，死亡率可忽略不计。2周龄内雏鸭对本病易感，1日龄雏鸭对本病高度易感。在疾病流行期间，从感染鸭肠道内容物和刚出壳雏鸭组织样品中均可检测到GPV变异株，提示本病的传播途径包括水平传播和垂直传播。

1989～1990年，在我国台湾发生过由DPV变异株引起的SBDS，北京鸭、番鸭、半番鸭、褐色菜鸭以及白改鸭等多个鸭种均对本病易感。1988年在福建莆田曾观察到由DPV引起的短喙症状，当时归为番鸭三周病的症状之一。2008年，在我国福建、浙江、江苏、安徽等地，番鸭、半番鸭和台湾白鸭等品种曾感染GPV变异株而发生SBDS。

该病毒可能有较强的水平传播和垂直传播能力，通过粪便污染饲料、饮水、饲养设备、饲养员等，被污染的用具和人员与易感动物接触导致该病的传播。也可以通过污染的种蛋垂直传播。

【症状】病鸭精神沉郁，排白色稀便（图3-64），主要表现为喙部短小，舌头外伸弯曲（图3-65），部分患鸭出现单侧行走困难、瘫痪等症状（图3-66）。个体发育不良，骨质疏松，患鸭出栏时体重仅为正常鸭的70%～80%，病程较长者体重仅为正常鸭的50%；病鸭胫骨和翅部骨骼容易发生骨折，胫骨较正常鸭变短变粗（图 3-67）。

图 3-64　病鸭精神沉郁，排白色稀便

图 3-65　鸭喙短，舌外露

图 3-66　鸭站立困难

图 3-67　胫骨短粗（下侧为正常胫骨）

【病理变化】剖检变化表现为胸腺肿大、有出血点（图 3-68），部分患鸭有肝脾轻微出血现象，其余脏器无明显病变。

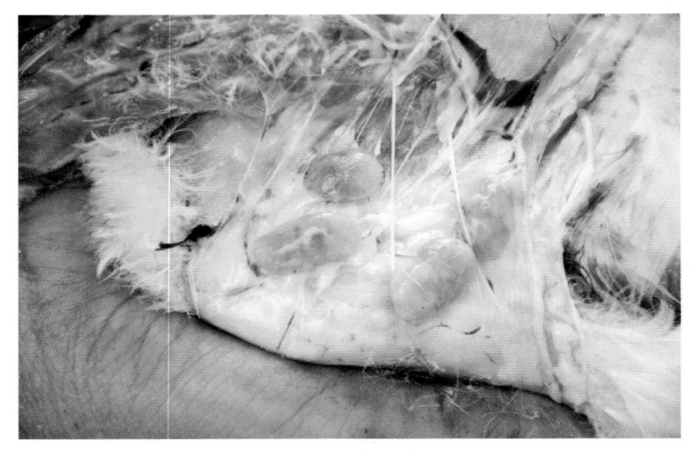

图 3-68　胸腺肿大、出血

【诊断】喙短、舌头伸出、生长发育严重受阻是本病特征症状，据此可对本病做出初步诊断，但需进行病毒的分离和鉴定，以确定致病病原是 GPV 变异株还是 DPV 变异株。

【预防和治疗】GPV 和 DPV 变异株的感染和传播途径与各自经典毒株类似，可参照控制小鹅瘟和番鸭三周病所采取的管理措施控制 SBDS。

相对于经典毒株，GPV 毒力变异株的抗原性并未发生改变。因此，可用小鹅瘟的疫苗和抗体制品控制 GPV 变异株所引起的 SBDS。与之类似，可用番鸭三周病的疫苗和抗体制品控制 DPV 毒力变异株所引起的 SBDS。

四、鸭细菌病

（一）鸭大肠杆菌病

鸭大肠杆菌病是由某些有致病性的大肠杆菌菌株引起的疾病总称，特征性病变为心包炎、肝周炎、气囊炎、腹膜炎、输卵管炎、滑膜炎、脐炎以及大肠杆菌性肉芽肿和败血症等。

【病原】病原为大肠埃希菌，简称为大肠杆菌，属肠道杆菌科埃希菌属。两端钝圆的杆菌，有时近球形。单独散在，不形成链或其他规则形状。有鞭毛，能运动，革兰染色呈阴性。为需氧或兼性厌氧，对营养要求不严格，在普通琼脂培养基上培养 18 ~ 24 h，形成乳白色、边缘整齐、光滑、凸起的中等偏大菌落。在伊红亚甲蓝琼脂上产生紫黑色金属光泽的菌落。本菌具有中等抵抗力，60℃加热 30 min 可被杀死。在室温下存活 1～2 个月，在土壤和水中可达数月之久。对氯敏感，可用漂白粉为饮水消毒。5% 石炭酸、3% 来苏儿等 5 min 可将其杀死。对丁胺卡那霉素、阿普霉素、庆大霉素、卡那霉素、新霉素、多黏菌素、头孢类药物等敏感，但长期使用会产生耐药性。

【流行特点】大肠杆菌是家禽肠道和环境中的常在菌，在卫生条件好的养殖场，本病造成的损失较小，但在卫生条件差、通风不良、饲养管理水平较低的养殖场，可造成严重的经济损失。由于环境改变或者发生其他疾病等的影响，造成机体衰弱，消化道内菌群被破坏或病原菌经口腔、鼻腔或者其他途径进入机体，造成大肠杆菌在局部器官或组织内大量增殖，最终引起鸭发病。该病发生与下列因素有关：饲养环境差，温度、湿度过高或过低，饲养密度过大，通风不良，饲料霉变等。

【症状】由于大肠杆菌发病日龄、侵害部位等情况不同，表现的症状也不一。共同症状特点为精神沉郁、食欲下降、羽毛粗乱、消瘦。胚胎期感染主要表现为死胚增加，尿囊液浑浊，卵黄稀薄。卵黄囊感染的雏鸭主要表现为脐炎，育雏期间精神沉郁，行动迟缓、呆滞，腹泻以及泄殖腔周围沾染粪便等。通过呼吸道感染后出现呼吸困难、黏膜发绀，通过消化道感染后出现腹泻、排绿色或黄绿色稀便。成年鸭大肠杆菌性腹膜炎多发生于产蛋高峰期之后，表现为精神沉郁、喜卧、不愿走动，行走时腹部有明显的下垂感。产蛋鸭生殖道型大肠杆菌病常表现为产蛋量下降或达不到产蛋高峰，出现软壳蛋、薄壳蛋等畸形蛋。

【病理变化】胚胎期感染大肠杆菌，1 日龄雏鸭可见腹部膨胀、卵黄吸收不良以及肝脏肿大等（图 4–1）。雏鸭或青年鸭感染大肠杆菌，以肝周炎、心包炎、气

图 4–1　雏鸭卵黄吸收不良

囊炎、纤维素性肺炎为特征性病变（图 4-2 ~ 图 4-4）。肠黏膜弥散性充血、出血。肾脏肿大，呈紫红色。肺脏出血、水肿，表面有黄白色纤维蛋白渗出（图 4-5）。脑膜充血，个别可见出血点。

图 4-2　鸭肝脏纤维蛋白渗出

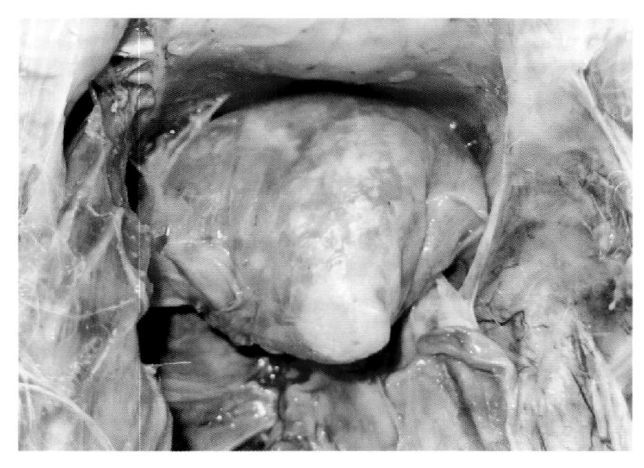

图 4-3　鸭心脏包膜增厚、有纤维蛋白渗出

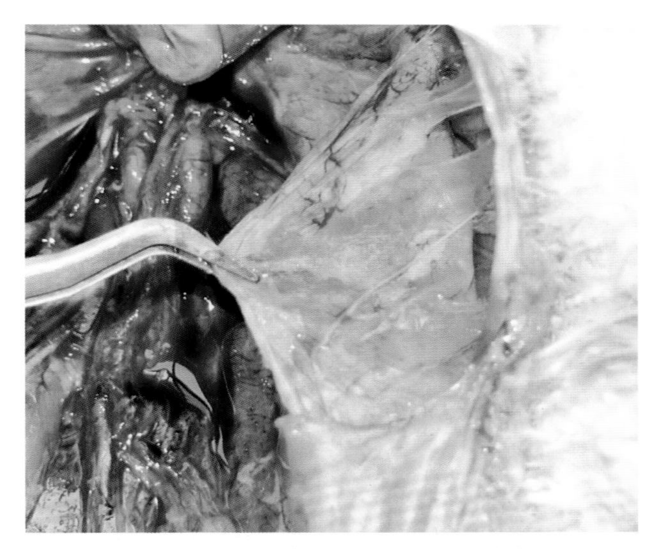

图 4-4　鸭气囊增厚、纤维蛋白渗出

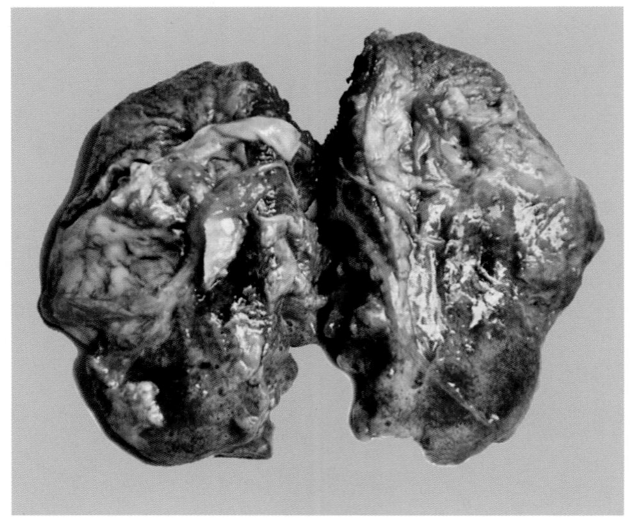

图 4-5　鸭肺脏出血、纤维蛋白渗出

成年母鸭多见卵黄性腹膜炎，可见腹膜增厚，腹腔内有少量淡黄色腥臭的混浊液体和干酪样渗出物。输卵管炎时可见输卵管肿胀，管腔中充满大小不一的黄白色渗出物，输卵管黏膜出血（图 4–6）。

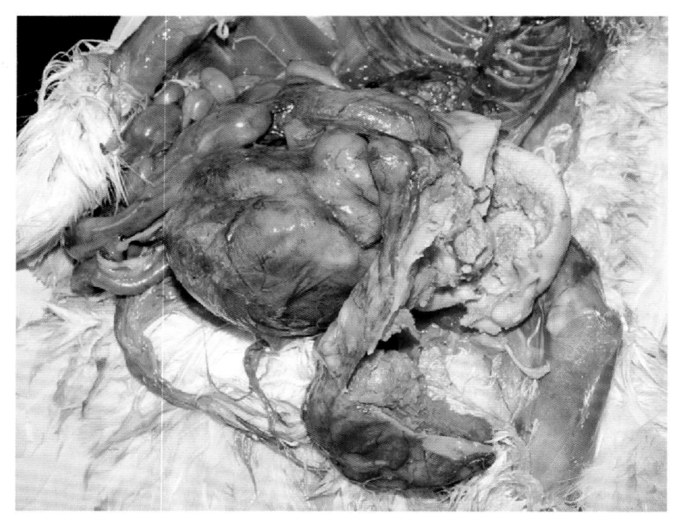

图 4–6　输卵管中干酪样渗出物

【诊断】对本病进行诊断常需与鸭疫里默杆菌感染和鸭沙门菌病的某些病例进行鉴别，但这 3 种细菌病的临床表现有相似之处，给鉴别诊断造成困难。用麦康凯琼脂等培养基进行细菌的分离和培养是对鸭大肠杆菌病、沙门菌病和鸭疫里默杆菌感染进行鉴别诊断的必要手段。

【预防】大肠杆菌是一种条件致病菌，预防该病的关键在于加强饲养管理，改善饲养环境条件，减少各种应激因素。

【治疗】发生该病后，可以用药物进行治疗。但大肠杆菌易产生耐药性，因此，在投放治疗药物前应进行药物敏感试验，选择高敏药物进行治疗。此外，还应注意交替用药，给药时间要尽早，以控制早期感染和预防大群感染。安普霉素、新霉素、黏杆菌素、强力霉素、环丙沙星等药物早期都有较好的治疗效果。

（二）鸭疫里默杆菌病

鸭疫里默杆菌病又称鸭传染性浆膜炎，是危害1～7周龄小鸭的一种接触性传染病，可导致鸭出现急性或慢性败血症、纤维素性心包炎、肝周炎、气囊炎、脑膜炎，还可引起结膜炎和关节炎。该病死亡率通常为5%～30%，一旦发病，鸭场经济损失十分严重。

【病原】病原是鸭疫里默杆菌，属黄杆菌科里默杆菌属。迄今为止，共发现21个血清型，通过对国内2 400多株分离株进行分析，认为1、2、6、10型是目前我国大多地区的主要流行血清型。是革兰阴性菌，不运动，无芽孢，呈单个、成对，偶见丝状排列。瑞氏染色后，大多数细菌呈两极浓染。绝大多数鸭疫里默杆菌在 37℃或室温条件下于培养基上存活不超过 4 d，2～8℃下液体培养基中可保存 2～3 d，55℃下 12～16 h 即可失活。在自来水和垫料中可存活 13 d 和 27 d。本菌对多种抗生素药物敏感。

【流行病学】各品种的鸭都易感，1～8 周龄多发，尤其以 2～3 周龄的雏鸭最为易感。在感染群中感染率和发病率都很高，有时可达 90% 以上，死亡率 5%～30% 不等。一年四季均可发生，但冬春季节发病率相对较高。主要经呼吸道或皮肤伤口感染。育雏密度过高，垫料潮湿、污秽和反复使用，通风不良，饲养环境条件差，育雏地面粗糙导致雏鸭脚掌擦伤等，饲养管理粗放，饲料中蛋白质水平、维生素或某些微量元素含量过低都易造成该病的发生和流行。

【症状】最急性型：在雏鸭群中发病很急，常因受到应激后突然发病，看不到任何明显症状就很快死亡。

急性型：病鸭精神沉郁，离群独处，食欲减退至废绝，体温升高，闭眼并急促呼吸，眼、鼻中流出黏液，形成湿眼圈（图 4–7），出现明显的神经症状，摇头或嘴角触地，缩颈，运动失调，排黄绿色恶臭稀便。随着

图 4-7　病鸭眼流泪，形成湿眼圈

病程延长，鼻腔和鼻窦内充满干酪样物质，鸭摇头、点头或呈角弓反张状态，两脚前后摆动呈划水状，不久便抽搐而亡。

亚急性和慢性经过：该型多数发生于日龄较大的雏鸭，病程长达1周左右，主要表现为精神沉郁，食欲不振，伏地不起或不愿走动。常伴有神经症状，摇头摆尾，前仰后合，头颈震颤。遇到其他应激时，不断鸣叫，颈部扭曲（图 4-8），发育严重受阻，最后衰竭而亡。该病的死亡率与饲养管理水平和应激因素密切相关。

【病理变化】鸭疫里默杆菌病的特征性病变为全

图 4-8　病鸭颈部扭曲

身广泛性纤维素性炎症。心包内可见淡黄色液体或纤维素样渗出物，心包膜与心外膜粘连（图 4-9）。肝脏肿大，表面常覆有一层灰白色或灰黄色纤维素性渗出物，肝脏呈土黄色或红褐色（图 4-10）。胆囊伴有肿大，充满胆汁。气囊浑浊，壁增厚，覆有大量的纤维素样或干酪样渗出物（图 4-11），以颈胸气囊最为明显。脾脏肿大瘀血，外观呈大理石状（图 4-12），有时可见表面覆有白色或灰白色纤维素样薄膜。胸腺、法氏囊明显萎缩，同时可见胸腺出血。肺脏充血、出血，表面覆盖一层纤维素样灰黄色或白灰色薄膜（图 4-13）。肾脏充血肿大，实质较脆，手触易碎。表现神经症状的死亡鸭，剖检可见脑膜充血、出血（图 4-14）。

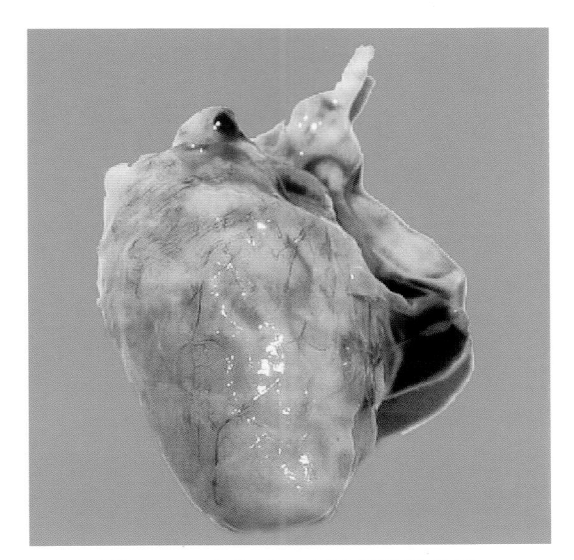

图 4–9　心包炎，心脏纤维性渗出

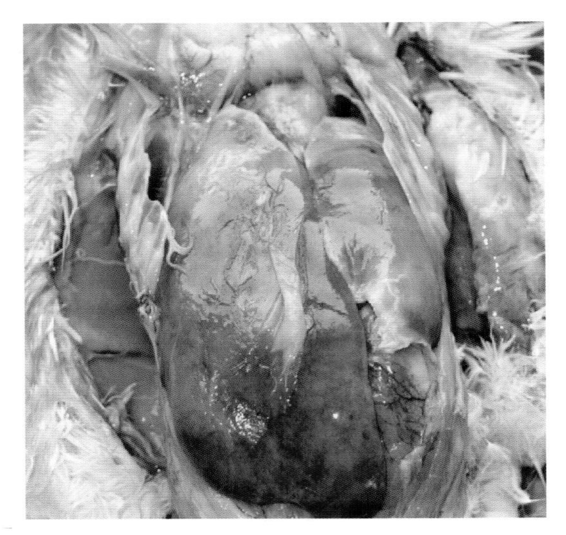

图 4–10　肝脏黄白色纤维蛋白渗出

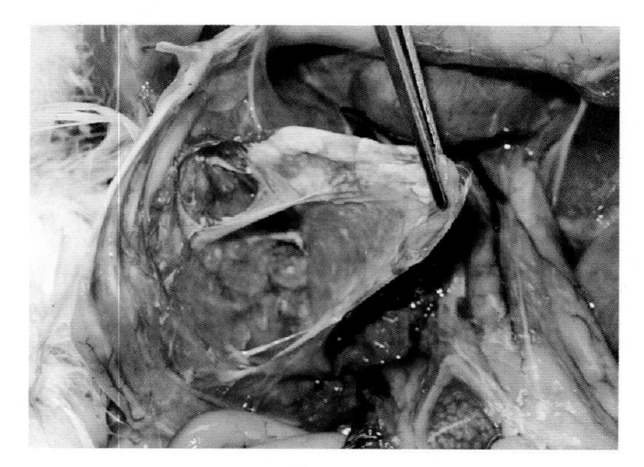
图 4-11　气囊黄白色纤维蛋白渗出

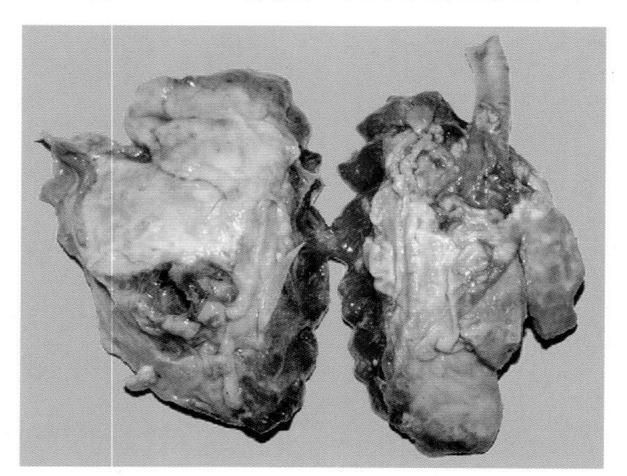
图 4-12　肺脏黄白色纤维蛋白渗出

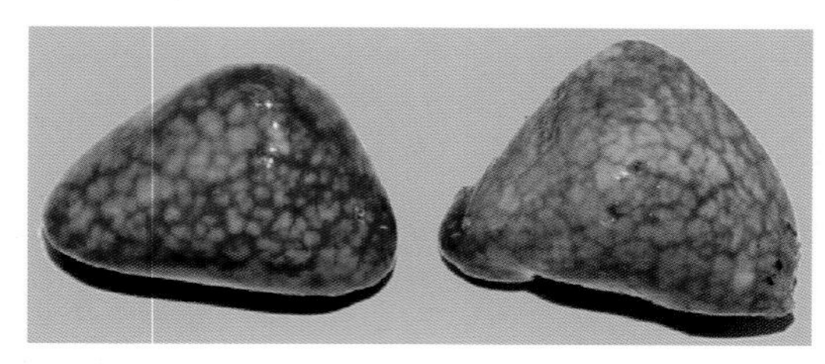
图 4-13　脾脏肿大，呈大理石状

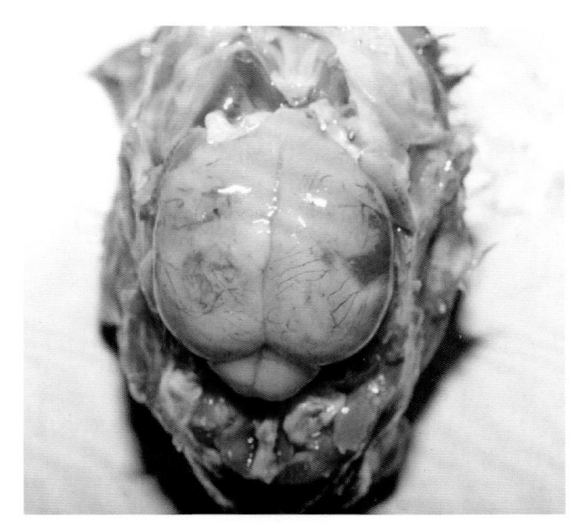

图 4–14　脑膜出血

慢性或亚急性病例可见趾关节、跗关节一侧或两侧肿大，关节腔积液，手触有波动感，剖开可见大量液体流出。

【诊断】根据流行病学、症状和病理变化可做出初步诊断。头颈震颤、摇头晃脑、前仰后翻和扭头转圈等症状可作为本病的特征性症状，再结合纤维素性心包炎、肝周炎和气囊炎的病理变化，可与多种疾病相区分，但鸭大肠杆菌病以及鸭沙门菌病的某些病例有相似的剖检变化，确诊还需要通过实验室诊断。

【预防】加强饲养管理，采取“全进全出”的饲养管理制度。由于该病的发生和流行与环境卫生条件和

天气变化有密切的关系，因此，改善饲养管理条件和禽舍及运动场环境卫生是最重要的预防措施。清除地面的尖锐物和铁丝等，防止脚部受到损伤；育雏期间保证良好的温度、通风条件。定期清洗料槽、饮水器等，定期消毒。

疫苗接种是预防该病的有效措施。目前常用的传染性浆膜炎疫苗主要有油乳剂灭活苗、蜂胶灭活苗、铝胶灭活苗以及鸭疫里默杆菌/大肠杆菌二联苗和组织灭活苗等。肉鸭多于4～7日龄颈部皮下注射免疫；蛋（种）鸭于两周后进行二免。鸭疫里默杆菌疫苗具有血清型特异性，因此，只有选择与发病鸭场流行的血清型相同和相近的菌株制备多价疫苗，才能提供最有效的保护。

【治疗】药物防治是控制本病的有效手段。鸭疫里默杆菌对多种药物敏感，如氟苯尼考、林可霉素、新霉素以及头孢类药物等。但细菌对这些药物较易产生耐药性，可根据药物敏感试验筛选适宜的药物使用。

（三）鸭沙门菌病

鸭沙门菌病又称鸭副伤寒，是由多种沙门菌引起的疾病总称。该病对雏鸭的危害较大，呈急性或亚急性经过，表现腹泻、结膜炎、消瘦等症状，成年鸭多呈慢性或隐形感染。

【病原】病原为沙门菌中多种有鞭毛结构的细菌，最主要的为鼠伤寒沙门菌。革兰阴性。菌体单个存在，无芽孢，能运动。该菌抵抗力不强，对热和常用消毒药物敏感，60 ℃下 5 min 死亡，0.005% 的高锰酸钾、0.3% 的来苏儿、0.2% 福尔马林和 3% 的石炭酸溶液 20 min 内即可灭活。在粪便和土壤中能够存活达数月之久。在孵化场绒毛中的沙门菌存活时间更长。

【流行特点】本菌自然宿主广泛，包括鸡、鸭、鹅、火鸡、鹌鹑等多种禽类，猪、牛、羊等多种家畜以及鼠等，分布极为广泛。该病菌传播途径多，传播速度快。1～3 周龄内雏鸭最为易感，死亡率在 10%～20%。本菌不仅水平传播，亦可垂直传播，带菌鸭、种蛋等是主要的传染源。此外，鸭舍较差的卫生条件和饲养管理不良能够促进该病的发生。

【症状】急性型：多于出壳 2～3 d 后出现死亡，以后死亡数量逐渐增加，1～3 周龄达到死亡高峰。病鸭精神沉郁、食欲不振，不愿走动，两眼流泪或有黏性渗出物；拉白色稀粪，糊肛。常离群张嘴呼吸，两翅下垂，呆立，嗜睡，缩颈闭眼，羽毛蓬松。体温升高至42℃以上。后期出现神经症状，颤抖、共济失调，角弓反张，全身痉挛抽搐而死。病程3～5 d。

亚急性：常见于4周龄左右雏鸭和青年鸭。表现为精神萎靡不振，食欲下降，粪便细软，严重时下痢带血，消瘦，羽毛蓬松、凌乱，有些亦有气喘、关节肿胀和跛行等症状。通常死亡率不高，但在其他病毒性或细菌性疾病继发感染情况下，死亡率骤增。

隐性经过：成年鸭感染本菌多呈隐性经过，一般不表现出症状或较轻微，但粪便和种蛋等携带该菌，不但影响孵化率，也可能导致该病的流行。

【病理变化】雏鸭副伤寒特征病变见于肝脏和盲肠。肝脏肿胀，呈紫红色或青铜色（图4-15），表面有大小不一的灰白色坏死灶（图4-16）。脾脏肿大，表面有坏死点（图4-17）。盲肠内有干酪样物质形成的栓子（图4-18）。有的病鸭盲肠、直肠和小肠后端黏膜表面呈糠麸样。个别病例，可见与鸭疫里默杆菌感染和鸭大肠杆菌病相似的病理变化，即纤维素性心包炎、肝周炎和气囊炎。

幼雏主要病变是卵黄吸收不全和脐炎，卵黄黏稠、色暗，肝脏有瘀血。带菌成年鸭可见肝硬化、卵巢炎、睾丸炎、泄殖腔炎以及腹膜炎等病变。

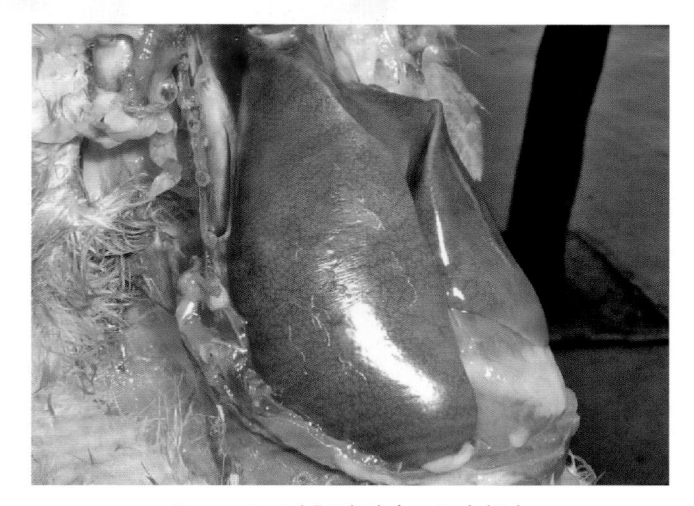

图 4-15　鸭肝脏肿大，呈青铜色

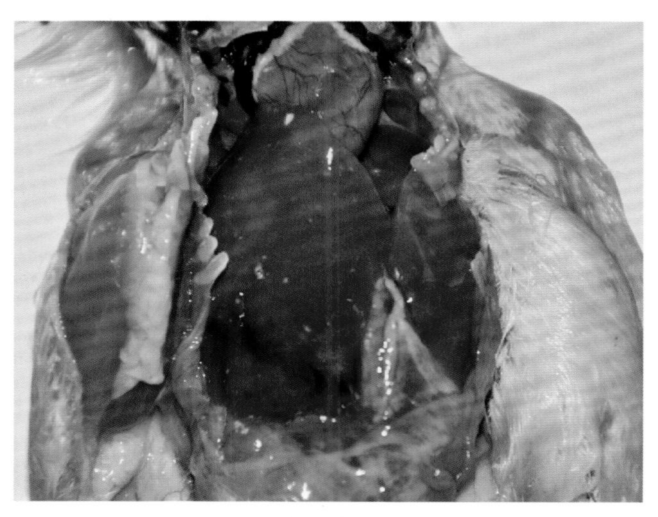

图 4-16　肝脏肿大，表面有坏死点

图 4-17　脾脏肿大，表面有坏死点

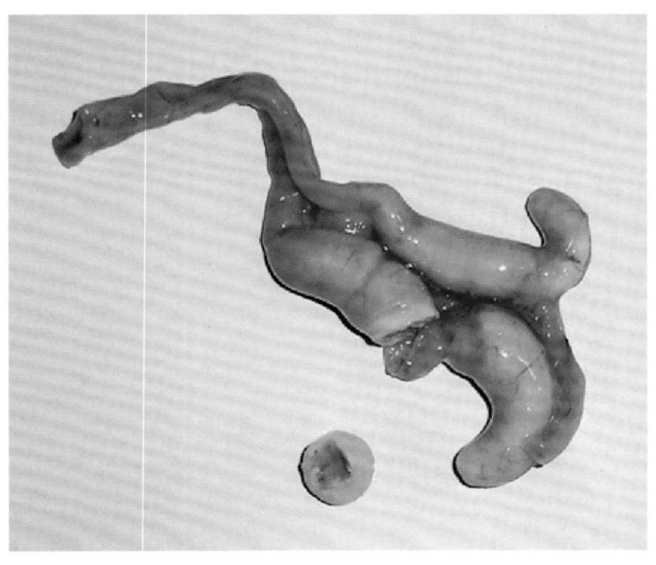

图 4-18　盲肠栓塞

【诊断】雏鸭沙门菌病的肝脏坏死病变与鸭霍乱、番鸭白点病等疾病相似，但盲肠病变具有特征性，据此可进行鉴别。某些沙门菌病例与鸭传染性浆膜炎和鸭大肠杆菌病的病变相似，幼雏卵黄吸收不全和脐炎与其他细菌性疾病（如大肠杆菌病、葡萄球菌病和链球菌病）鸭所致也难以区分，因此，疾病的诊断必须依靠病原菌的分离和鉴定。

【预防】沙门菌血清型众多，且极易产生耐药性，用疫苗和药物防治本病并不是最佳选择。本病经多种途径传播，应考虑针对传染源和传播途径采取综合性防控措施进行预防，如不用鱼粉、肉粉和骨粉配制饲料；保持蛋窝干净，防止粪便污染种蛋；增加拣蛋次数，收集的种蛋及时清洗入库；蛋库应定期消毒。孵化器和出雏器污染是造成沙门菌传播的重要环节，应重视孵化器和出雏器的熏蒸消毒。鼠是本病的带菌者和传播者，可考虑增加灭鼠措施。加强环境卫生和消毒工作，可显著降低鸭场沙门菌的污染程度。

【治疗】发病时可用环丙沙星按0.01%饮水，连用3～5 d；氟苯尼考按0.01%～0.02%拌料使用，连用4～5 d。此外，新霉素、安普霉素等拌料或饮水也有很好的治疗效果。

（四）鸭葡萄球菌病

鸭葡萄球菌病是由金黄色葡萄球菌引起的一种急性或慢性传染病。该病是鸭的一种常见病，可引起多种表现，包括关节炎、脐炎、腹膜炎以及皮肤疾患等。

【病原】病原为金黄色葡萄球菌，属葡萄球菌科葡萄球菌属。金黄色葡萄球菌为革兰阳性球菌，不能运动，不形成芽孢，在固体培养基生长的细菌成簇排列，在液体培养基中繁殖的细菌呈短链。在普通琼脂培养基上生长形成湿润、表面光滑、隆起的圆形菌落，不同菌株颜色不一，大多初呈灰白色，继而为金黄色、白色或柠檬色。若加入血清或全血生长情况更好，致病性菌株在血液琼脂板上能够形成明显的溶血环。本菌抵抗力较强，在干燥的结痂中可存活数月之久，60℃ 30 min 以上或煮沸可杀死该菌。3% ~ 5% 的石炭酸溶液 5 ~ 15 min 内可杀死该菌。

【流行病学】在自然界中广泛分布，如空气、地面、动物体表、粪便等。鸡、鸭、鹅、猪、牛、羊等和人均可感染本菌，没有明显的季节性，但夏季多雨季节多发。各个日龄的鸭均可发生，但多发于开产以后的鸭。

鸭对葡萄球菌的易感性与表皮或黏膜创伤的有无、机体抵抗力强弱、葡萄球菌污染严重程度和养殖环境密切相关。创伤是主要感染途径，也可以通过消化道和呼吸道传播。此外，雏鸭可通过脐孔感染，引起脐炎。造成创伤的因素很多，如地面有尖锐物、铁丝、啄食癖、疫苗接种以及昆虫叮咬等。有的运动场撒干石灰，易将皮肤灼伤，而继发葡萄球菌感染。

【症状】根据家禽感染程度和部位分为以下几种症状。

急性败血型：主要感染雏鸭，表现为精神萎靡，下痢，粪便呈灰绿色，胸、翅、腿部皮下出血，羽毛脱落（图 4-19）。有时在胸部龙骨处出现浆液性滑膜炎。

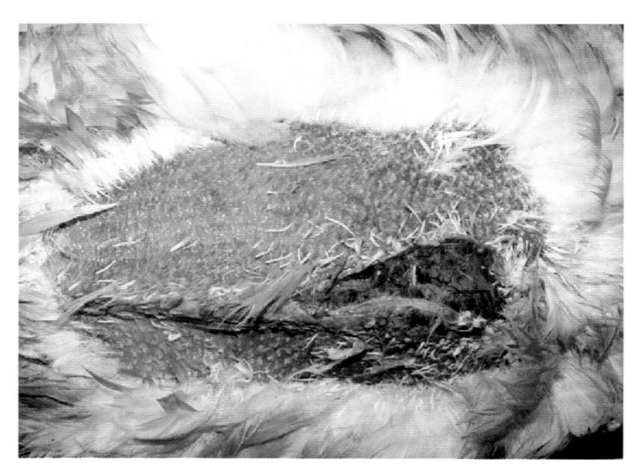

图 4-19　鸭皮肤呈紫黑色，羽毛脱落

脐炎型：常发生于1周龄内雏鸭。由于某些因素，新出壳雏禽脐孔闭合不全，葡萄球菌感染后引起脐炎。病鸭表现出腹部膨大，脐孔发炎，局部呈黄色、紫黑色，质地稍硬，流脓性分泌物，味臭，脐炎病雏常在出壳后2～5 d内死亡。

关节炎型：常发生于成年个体，可见多个关节肿胀，尤其是跗、趾关节，呈紫红色或紫黑色（图4-20）。患鸭表现跛行，不愿走动，卧地不起（图4-21），因采食困难，逐渐消瘦，最后衰弱而亡。

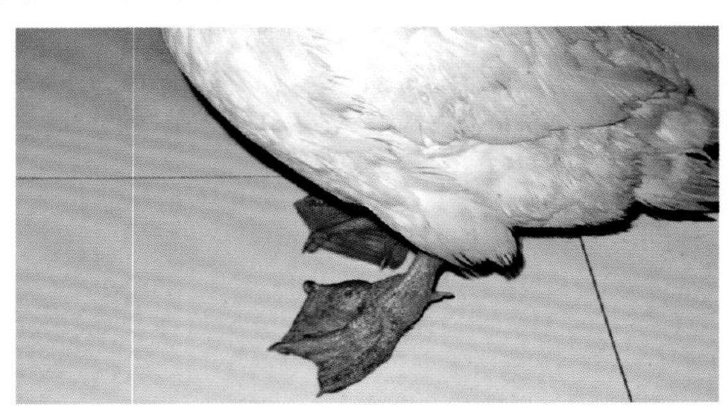

图4-20　鸭关节肿胀

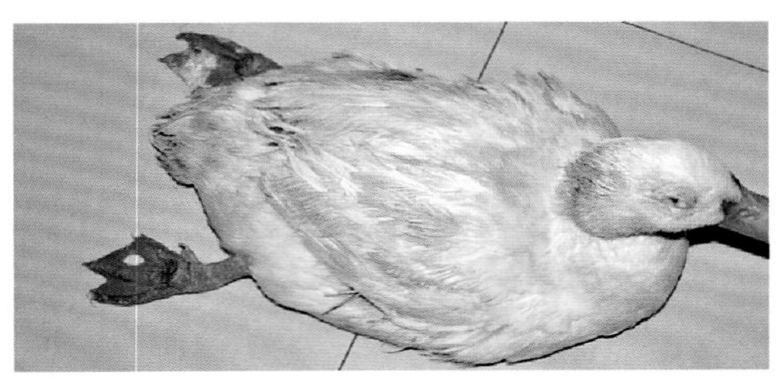

图4-21　病鸭瘫痪、卧地不起

【病理变化】急性败血型：病死鸭胸、腹部皮肤呈紫黑色或浅绿色浮肿，皮下充血、溶血，积有大量胶冻样粉红色或黄红色黏液，手触有波动感。肝脏肿大，呈紫红色或紫黑色（图4–22）。肾脏肿大，输尿管中充满白色尿酸盐结晶。脾脏肿大呈紫黑色（图4–23）。心包积液，心外膜和心冠脂肪出血。腹腔内有腹水或纤维样渗出物。

脐炎型：卵黄囊吸收不良，呈绿色或褐色。腹腔内器官呈灰黄色，脐孔皮下局部有胶冻样渗出。肝脏表面常有出血点。

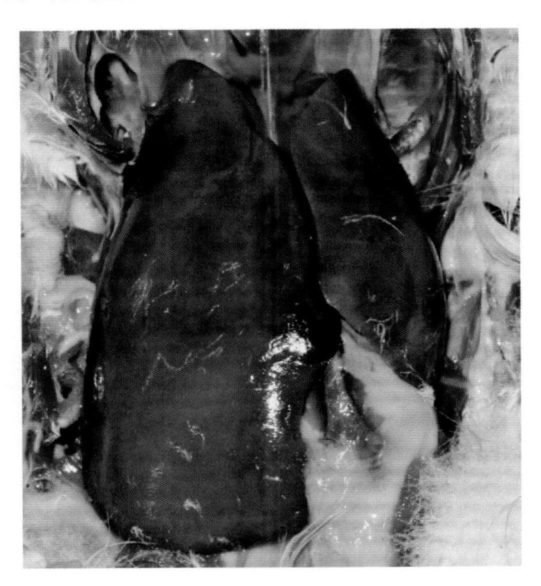

图4–22　肝脏肿大呈青铜色

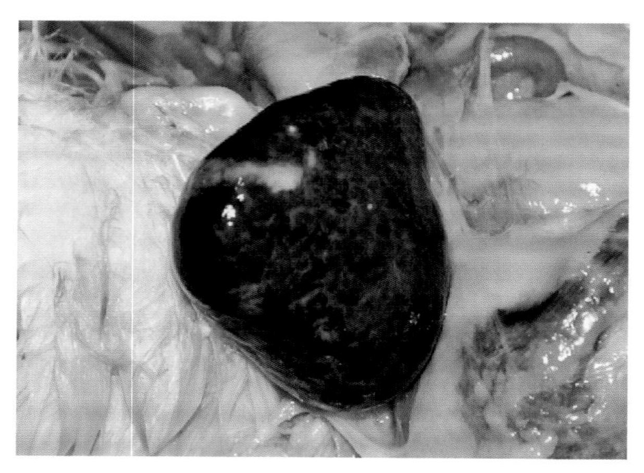

图 4–23　脾脏肿大，呈紫黑色

关节炎型：关节肿大，滑膜增厚、充血或出血，关节囊内有浆液或黄色脓样或纤维素样渗出物（图 4–24）。

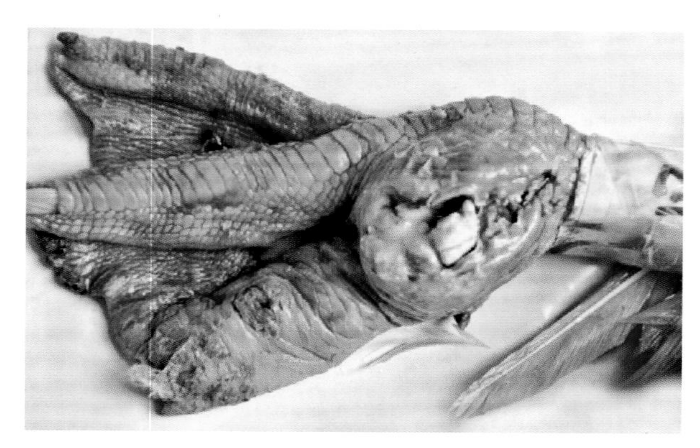

图 4–24　关节腔中有黄白色干酪样渗出

【诊断】根据发病症状、病理变化和流行病学可以进行初步诊断，进一步确诊需要结合实验室检查进行综合诊断。可取病死鸭关节囊渗出物进行细菌分离鉴定。

【预防】加强饲养管理。饲料中要保证合适的营养物质，特别是要提供充足的维生素和矿物质等微量元素，保持良好的通风和湿度，合理的养殖密度，避免拥挤。及时清除禽舍和运动场中的尖锐物，避免外伤造成葡萄球菌感染。

注意严格消毒。做好鸭舍、运动场、器具和饲养环境的清洁、卫生和消毒工作，以减少和消除传染源，降低感染风险，可用0.03%过氧乙酸定期带鸭消毒；加强孵化人员和设备的消毒，保证种蛋清洁，减少粪便污染，做好育雏保温工作；疫苗免疫接种时做好针头的消毒。

【治疗】林可霉素、大观霉素及头孢类等药物对本病的防治有一定效果，但葡萄球菌易产生耐药性，应根据药物敏感试验结果筛选敏感药物。

（五）禽霍乱

禽霍乱又称禽出血性败血病或禽巴氏杆菌病，是鸭的一种急性败血性传染病。本病的特征是病程短，

发病率和死亡率都很高，死亡鸭出现全身性败血症状。

【病原】病原是多杀性巴氏杆菌，属革兰阴性菌，无鞭毛，不能运动，菌体呈卵圆形或短杆状，单个、成对排列，偶尔也排列成链状。在组织抹片或新分离培养物中的细菌用姬姆萨、瑞氏、亚甲蓝染色，可见菌体呈两极浓染。根据荚膜抗原（K 抗原）和菌体抗原（O 抗原），可将多杀性巴氏杆菌分为不同血清型，包括 5 个荚膜型（A、B、D、E 和 F 型）和 16 个菌体型（1 ~ 16 型）。本菌抵抗力不强，在干燥空气中 2 ~ 3 d 死亡，60℃下 20 min 可被杀死。在血液中保持毒力 6 ~ 10 d，舍内可存活 1 个月之久。本菌自溶，在无菌蒸馏水或生理盐水中迅速死亡。3% 石炭酸 1 min，0.5% ~ 1% 的氢氧化钠、漂白粉，以及 2% 的来苏儿、福尔马林几分钟内使本菌失活。

【流行病学】对鸭、鹅、火鸡等多种家禽均具有较强的致病力，各日龄的鸭均可感染发病。患病鸭是本病的主要传染源，病鸭粪便、分泌物中含有大量的病原菌，健康鸭可以通过污染饲料、饮水、器具、场地等感染发病。无明显季节性，但冷热交替、天气变化时易发，在秋冬交替季节流行较为严重。呈散发性或地方性流行。鸭群一旦感染本菌，传播迅速，数天内大批感染死亡。成年鸭经长途运输，抗病能力下降，也易发该病。

【症状】按病程长短分为急性型和慢性型。在急性禽霍乱中，死亡很快，仅在死亡前几小时出现症状，可见病鸭发热、厌食、羽毛杂乱、口腔有分泌物、腹泻、呼吸加快。初期排白色水样粪便，随后排绿色稀粪。咽部和食道膨大部有黏稠的黏液，倒提病鸭时，有恶臭液体从口和鼻流出。常有摇头症状，故本病又有“摇头瘟”之称。部分经历了急性败血性阶段的存活鸭，或者康复，或者转变为慢性病例，最后因消瘦、脱水而死。

慢性型除可从急性型转变而来外，亦可由低毒力菌株感染所致。慢性病例消瘦，发热、疼痛、局部关节肿胀、行走困难、跛行。呼吸道感染可导致气管啰音和呼吸困难。慢性病例可能死亡，也可能长期带菌或康复。

【病理变化】急性型：特征性病变为肝脏肿大，质地脆弱，表面散在大量针尖状出血点和坏死灶（图 4–25），脾脏肿大。心外膜和心冠脂肪上有大小不一的出血点（图 4–26），心内膜出血。心包积液增多，呈淡黄色透明状，有时可见纤维素样絮状物。气管环出血，肺脏充血、出血、水肿，或有纤维素渗出物。胆囊肿大，肠道黏膜充血、出血（图 4–27），部分肠段呈卡他性炎症，盲肠黏膜溃疡。

图 4–25　鸭肝脏肿大，表面有大小不一的黄白色坏死点

图 4–26　心冠脂肪有出血点

图 4–27　肠黏膜弥漫性出血

慢性型：因病原菌侵害部位不同而表现的病变不同。侵害呼吸系统的，可见鼻腔、鼻窦以及气管内有卡他性炎症，内脏特征性病变是纤维素性坏死性肺炎，肺组织由于瘀血和出血呈暗紫色，局部胸膜上常有纤维素性凝块附着，胸腔中也常见淡黄色、干酪样化脓性或纤维素性凝块。侵害关节炎病例中，可见一侧或两侧的关节肿大、变形，关节腔内还有暗红色脓样或干酪样纤维素性渗出物。

【诊断】肝脏病变与鸭副伤寒和番鸭白点病相似，心外膜出血和肠道黏膜出血病变则与鸭瘟相似，若综合考虑流行病学、症状和病理变化，特别是关注不同疾病所致内脏病变的不同之处，仍可进行鉴别诊断。进行细菌分离和鉴定易对本病做出确诊。

【预防】本病多呈散发或地区性流行，在常发地区或发生过该病的养殖场，应定期进行免疫预防接种。禽霍乱疫苗对于本病的控制是有效的。因不同血清型之间缺乏交叉保护，应充分考虑流行菌株的血清型与制苗菌株的血清型是否匹配。油乳佐剂灭活苗：用于2月龄及以上鸭，按照每羽1 ml皮下注射，能获得良好的免疫效果，保护期为6个月。禽霍乱氢氧化铝甲醛灭活苗：2月龄以上的鸭群按照每羽2 ml肌肉注射，隔

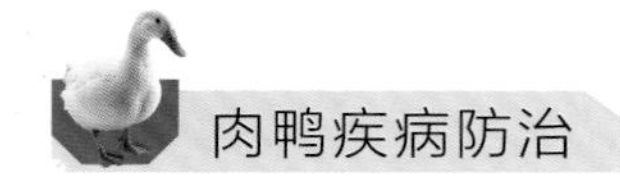

10 d 加强免疫一次，免疫期为 3 个月。弱毒疫苗：通过不同途径对一些流行菌株进行致弱获得疫苗株，优点是免疫原性好，最佳免疫途径为气雾或饮水。

【治疗】头孢噻呋按照 15 mg/kg 肌肉注射，连用 3 d；或 0.01% 的环丙沙星饮水，连用 3 ~ 5 d。

（六）鸭坏死性肠炎

种鸭坏死性肠炎，又称烂肠病，是危害种鸭的一种疾病，表现为衰弱、食欲下降、不能站立，常突然死亡，特征病理变化为坏死性肠炎。

【病原】本病与产气荚膜梭菌感染有关。产气荚膜梭状芽孢杆菌为革兰染色阳性、两头钝圆的兼性厌氧短杆菌。根据主要致死型毒素和抗毒素的中和试验结果，可分为 A、B、C、D 和 E 5 种血清型。在自然界中缓慢形成芽孢，呈卵圆形，位于菌体的中央或近端，在机体内常形成荚膜，没有鞭毛，不能运动。该菌芽孢抵抗能力较强，在 90℃ 处理 30 min 或 100℃ 处理 5 min 死亡，食物中的菌株芽孢可耐煮沸 1 ~ 3 h。健康禽群的肠道中以及发病养殖场中的粪便、器具等均可分离到该菌，致病性与环境和机体状态密切相关。

也有报道从病死鸭小肠分离到埃希大肠杆菌、魏氏梭菌以及类似巴氏杆菌的微生物，也曾从盲肠、回肠和直肠观察到有鞭毛的原虫、埃氏三鞭毛滴虫、鸭毛滴虫。

【流行病学】主要感染种鸭，粪便、土壤、污染的饲料、垫料以及肠内容物中均含有该菌，带菌鸭和耐过鸭均为该病的重要传染源。主要经过消化道感染或由于机体免疫机能下降导致肠道中菌群失调而发病。球虫感染及肠黏膜损伤是引起或促进本病发生的重要因素。在一些饲养管理不良的养殖场，某些应激因素如饲料中蛋白质含量的升高、接种灭活疫苗、抗生素的滥用等。感染流感病毒或坦布苏病毒等均可促进该病的发生。

【症状】鸭患病后，精神沉郁、不能站立，在大群中常被孤立或踩踏而造成头部、背部和翅羽毛脱落。食欲减退至废绝，腹泻，排血便，常呈急性死亡。有的鸭肢体痉挛，腿呈左右劈叉状，伴有呼吸困难等症状。

【病理变化】病变主要在小肠后段，肠管增粗，尤其是回肠和空肠部分，肠壁变薄、扩张（图 4–28）。严重者可见整个空肠和回肠充满血样液体，病变呈弥漫性，十二指肠出血，黏膜坏死脱落（图 4–29）。病程后

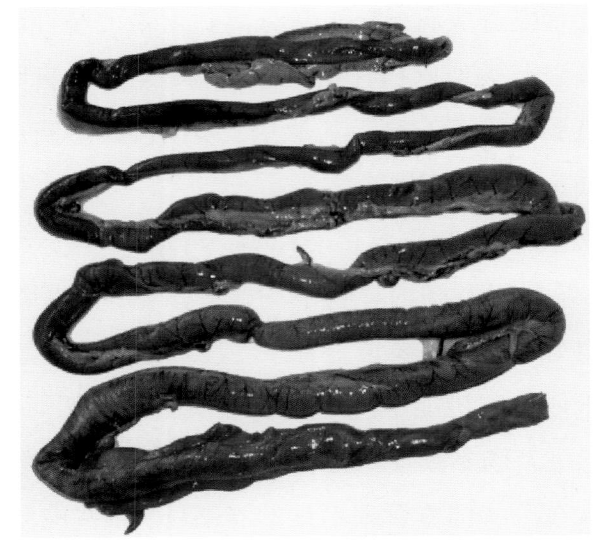

图 4-28　空肠、回肠胀气，肠壁薄

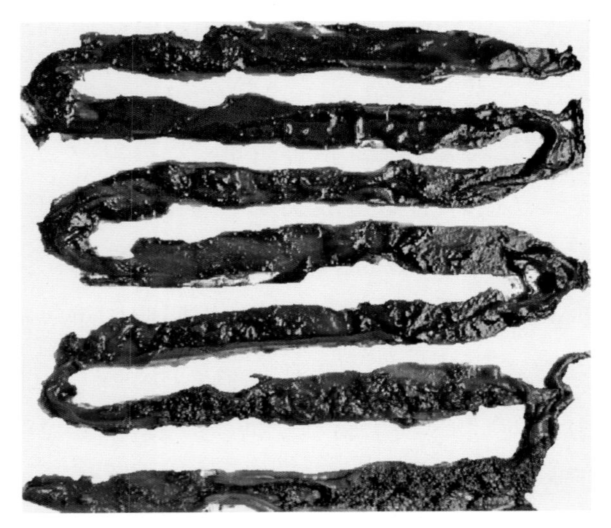

图 4-29　肠道出血，黏膜坏死脱落

期肠内充满恶臭气体，空肠和回肠黏膜增厚，表面覆有一层黄绿色或灰白色伪膜。个别病例气管有黏液，喉头出血。母鸭的输卵管中常见有干酪样物质，肝脏肿大呈土黄色，表面有大小不一的黄白色坏死斑，脾脏肿大瘀血、呈紫黑色（图 4–30）。

图 4–30　脾脏肿大、呈紫黑色

【诊断】可结合症状和病理变化进行初步诊断，但通常要进行微生物检查。从坏死性肠炎病例的肠道分离到产气荚膜梭菌，方能做出确诊，从病变处采样对于获得准确结果至关重要。

【预防】产气荚膜梭菌为条件性致病菌，预防该病的最重要措施是加强饲养管理，改善鸭舍卫生条件，

严格消毒，在多雨和湿热季节应适当增加消毒次数。发现病鸭后应立即隔离饲养并进行治疗。避免在饲料中添加变质肉骨粉、鱼粉等原料。添加乳酸杆菌、粪链球菌等益生素可减少本病发生。

【治疗】多种抗生素如新霉素、泰乐霉素、林可霉素、环丙沙星、恩诺沙星以及头孢类药物对该病均有良好的治疗效果和预防作用。对于发病初期的鸭群采用饮水或拌料均可，病程较长且发病严重的可采用肌肉注射的方式，同时注意及时补充电解质等。

五、霉菌病与支原体病

（一）鸭曲霉菌病

鸭曲霉菌病又称鸭霉菌性肺炎，是由烟曲霉引起的一种真菌性疾病。主要发生于雏鸭，多呈急性经过，表现为呼吸困难，特征病变为肺脏形成霉菌结节。多因饲料或垫料发霉所致，一旦发生，常导致较高的死亡率。

【病原】病原主要是烟曲霉，其次是黄曲霉。偶尔可分离到土曲霉、灰绿曲霉、黑曲霉和构巢曲霉等。烟曲霉的繁殖菌丝呈圆柱状，色泽由绿色、暗绿色至熏烟色。本菌在沙保罗氏葡萄糖琼脂培养基上生长迅速，初为白色绒毛状，之后变为深绿色或绿色，随着培养时间的延长，最终为接近黑色绒状。在多种培养基上均可生长，菌落为扁平状，偶见放射状，初期为略带黄色，然后变为黄绿色，久之颜色变暗。该菌能够产生黄曲霉毒素，该毒素具有强烈的肝脏毒性。黑曲霉分生孢子头球状，褐黑色。菌落蔓延迅速，初为白色，后变成鲜黄色直至黑色厚绒状。

曲霉菌孢子抵抗力很强，煮沸后 5 min 才能杀死，一般消毒剂需要 1 ~ 3 h 才能杀死孢子。一般的抗生素和化学药物不敏感。制霉菌素、两性霉素、碘化钾、硫酸铜等对本菌具有一定的抑制作用。

【流行病学】曲霉菌和其产生的孢子在自然界中分布广泛，当温度和湿度适宜时，曲霉菌在环境中大量繁殖。受到污染的饲料、垫料、牧草、土壤、鸭舍、孵化设施等，都可成为本病的传染源。本病可通过鸭接触传染源经呼吸道感染，也可通过饲喂霉变饲料经消化道感染，如种蛋携带曲霉菌，孵化出的雏鸭亦可感染发病。本病主要侵害 2 周龄内雏鸭，多呈急性经过，以 4 ~ 12 日龄发病率最高，发病后死亡率可达 50% 以上。成年鸭发病一般呈慢性和散发性，如鸭群在封闭环境中饲养，遇到饲料或垫料霉变，会加重本病的严重程度。

【症状】鸭精神萎靡、不愿走动，多卧伏，食欲废绝，羽毛松乱无光泽，呼吸急促，常见张口呼吸，鼻腔常流出浆液性分泌物，腹泻，迅速消瘦，对外界刺激反应冷漠，通常在出现症状后2～5 d内死亡。慢性病例病程较长，鸭呼吸困难，食欲减退甚至废绝，饮欲增加，迅速消瘦，体温升高，后期表现为腹泻。常离群独处，闭眼昏睡，精神萎靡，羽毛松乱（图5-1）。部分雏鸭出现神经症状，表现为摇头、共济失调、头颈无规则扭转以及腿翅麻痹等。病原侵害眼时，结膜充血、肿眼、眼睑封闭，严重者失明。病程约为1周，若不及时治疗，死亡率高达50%以上。成年鸭发生本病时多呈慢性经过，死亡率较低。产蛋鸭感染主要表现出产蛋下降甚至停产，病程可长达数周。

图5-1　病鸭精神沉郁，羽毛松乱

【病理变化】特征性病变是肺脏有数量不等的米粒大至绿豆大的霉菌结节，颜色呈淡黄色、黄白色或白色，散布于肺脏表面或整个肺组织（图 5–2），多呈中间凹陷的圆盘状，灰白色、黄白色或淡黄色，切面可见干酪样内容物。有时结节出现在胸部的气囊上（图 5–3、图 5–4）。有神经症状的病鸭脑膜和脑实质也可见结节，呈干酪样坏死。有些病例的气囊、腺胃和肌胃等器官表面见有霉菌斑，或在肺泡、支气管或气囊内充满黏液和纤维素性渗出物。在少数病例可见肝脏、肾脏、脾脏和胰腺肿大，胆囊肿大、充盈胆汁。慢性病例的霉菌结节常相互融合形成较大的硬性肉芽肿结节。

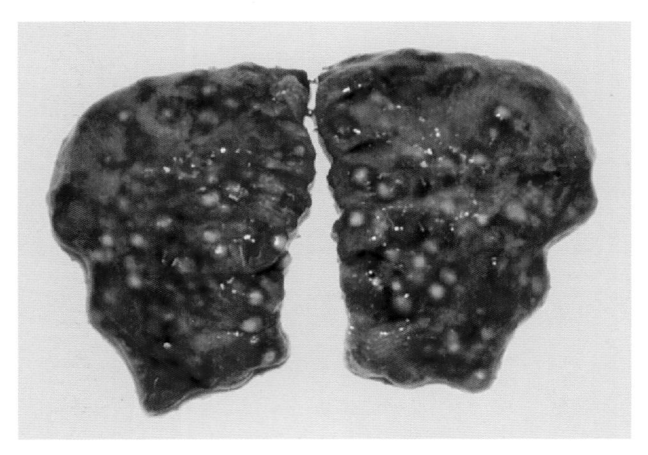

图 5–2　病鸭肺脏表面大小不一的霉菌结节

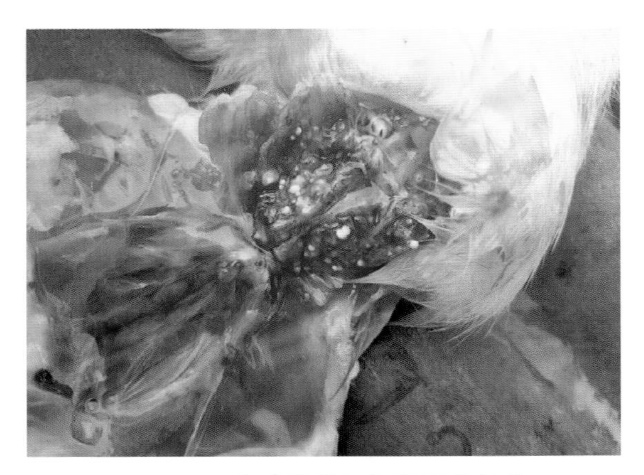

图 5-3　病鸭肺脏和气囊霉菌结节

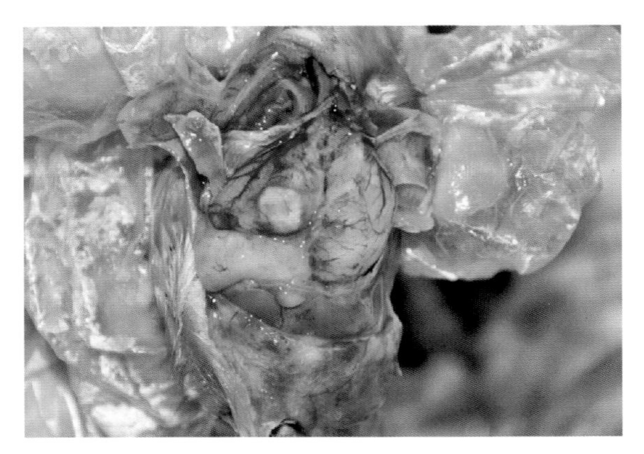

图 5-4　病鸭脑部黄白色坏死

【诊断】根据鸭发病日龄小、张口呼吸、角弓反张、肺脏结节等特点，一般可对本病做出诊断。雏鸭发生鸭病毒性肝炎、雏鸭副伤寒和黄曲霉毒素中毒等疾病后，亦可呈角弓反张样外观，但无呼吸道症状和结节病变，据此可进行鉴别。

【预防】加强饲养管理，搞好环境卫生。选用干净的稻壳、秸秆等作垫料。垫料要经常翻晒，阴雨天气时注意更换垫料，防治霉菌的滋生。饲料要存放在干燥仓库，避免无序堆放造成局部湿度过大而发霉。育雏室应注意通风换气和卫生消毒，保持室内干燥、整洁。育雏期间要保持合理的密度，做好防寒保温，避免昼夜温差过大。

饲料中添加防霉剂。包括多种有机酸，如丙酸、醋酸、山梨酸、苯甲酸等。在我国长江流域和华南地区，梅雨季节要特别注意垫料和饲料的霉变情况。

【治疗】一旦发病，应立即消除致病原因，更换霉变垫料和饲料。制霉菌素、硫酸铜等具有一定的治疗效果。用制霉菌素喷雾或拌料，雏鸭按照 5 000 ~ 8 000 U，成年鸭只按照 2 万~ 4 万 U/kg 体重使用，每天两次，连用 3 ~ 5 d。也可用 0.5% 的硫酸铜溶液饮水，连用 2 ~ 3 d。5 ~ 10 g 碘化钾溶于 1 L 水中，饮水，连用 3 ~ 4 d。

（二）鸭念珠菌病

鸭念珠菌病是指由白色念珠菌引起的一种消化道

真菌病，主要特征是上消化道如口腔、咽、食道等黏膜上有乳白色的伪膜或溃疡。鸭较少发生本病。

【病原】白色念珠菌为一种酵母样真菌，兼性厌氧，革兰染色为阳性，但内部着色不均匀。在病变组织、渗出物和普通培养基上产生芽孢和假菌丝，不形成有性孢子。本菌在吐温－80玉米琼脂培养基上可产生分支的菌丝体、厚膜孢子和芽生孢子。在沙保罗氏琼脂培养基上，37℃培养24～48 h，形成白色、奶油状、凸起的菌落。幼龄培养物由卵圆形出芽的酵母细胞组成，老龄培养物显示菌丝有横隔，偶见球状的肿胀细胞，细胞膜增厚。

【流行病学】白色念珠菌是念珠菌属中的致病菌，广泛存在于自然界，同时常寄生于健康畜禽和人的口腔、上呼吸道和消化道黏膜上，是一种条件性致病菌。当机体营养不良，抵抗力下降，饲料配比不当，消化道正常菌群失调，维生素缺乏、免疫抑制病以及其他应激因素，导致机体内微生态平衡遭到破坏，容易引起发病。多由于饮水或饲料被白色念珠菌污染被鸭误食，消化道黏膜有损伤而造成病原的侵入。主要见于6周龄以内的雏鸭，人也可以感染。成年鸭发生该病，主要是长期使用抗生素致使机体抵抗力下降而继发

感染。

【症状】无特征性的症状，鸭生长发育不良，精神萎靡，羽毛粗乱。食欲减退，消化机能障碍。雏鸭病例多表现出呼吸困难，气喘。一旦全身感染，食欲废绝后约 2 d 死亡。

【病理变化】剖检可见病变多位于口腔、食道黏膜增厚，表面形成灰白色、隆起的溃疡病灶，形似散落的凝固牛乳，黏膜表面常见假膜性斑块和易刮落的坏死物质，剥离后黏膜面光滑（图 5–5）。口腔黏膜表面常形成黄色、干酪样的典型“鹅口疮”。偶见腺胃黏膜肿胀、出血，表面覆有黏液性或坏死性渗出物，肌胃角质层糜烂，雏鸭多见气囊炎（图 5–6）。

图 5–5　鸭食道黏膜附着黄白色渗出物

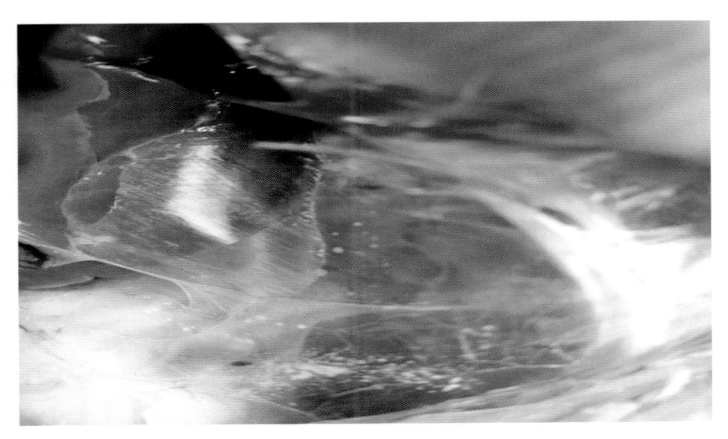

图 5-6　雏鸭气囊炎

【诊断】无特征症状，环境卫生差、曾过多使用抗菌药物，要考虑本病。食道黏膜出现伪膜斑块和气囊炎性病变具有特征性。从有病变的口腔、咽部、食道、气囊等处采集样品，接种于沙保罗氏琼脂培养基，可分离到念珠菌。

【预防】加强饲养管理，改善卫生条件。本病的发生和环境卫生有密切关系，要确保禽舍通风良好，环境干燥，控制合理的饲养密度。加强消毒，可用 2% 的福尔马林或 1% 的氢氧化钠进行消毒，有时需用碘制剂处理种蛋防止垂直传播。应避免过多使用抗菌药物，以防影响消化道正常菌群。

【治疗】一旦发生，可按每千克饲料添加 0.2 g 制霉菌素的剂量拌料，连用2～3 d。按1 g克霉唑用于100只雏鸭拌料，连用5～7 d。1∶2 000硫酸铜饮水，连用5 d。

（三）鸭支原体病

鸭支原体病又称为鸭传染性窦炎或鸭慢性呼吸道病，是由支原体引起的一种呼吸道传染病，特征症状为眶下窦肿胀，窦内充满浆液性、黏液性或脓性分泌物，最终变成干酪样物。

【病原】病原为鸭支原体，或称为鸭霉形体，分类上属支原体科支原体属。支原体属含有120多种支原体，从病鸭中可分离到多种支原体，但以鸭支原体为主。支原体是一类无细胞壁的原核生物，直径为0.2～0.5 μm，基本形态为大致球形至球杆状，有时呈细杆状、丝状和环状。可在固体培养基上生长，但对营养要求较高。在固体培养基上，支原体形成光滑、圆形、直径为0.1～1.0 mm的“油煎蛋”样菌落。对禽类有致病性的支原体生长缓慢，需在37℃培养3～10 d，才能在琼脂上形成菌落。革兰染色弱阴性，吉姆萨染色着色较好。

【流行病学】各种品种和各种日龄的鸭均可发病，以 1 ~ 2 周龄雏鸭最易感，发病率可达 40% ~ 60%，但死亡率较低，仅为 1% ~ 2%，成年鸭较少发病。病鸭和隐性感染鸭是传染源，鸭舍和运动场的不良卫生条件是该病发生和流行的重要诱因。常经污浊空气传播、经呼吸道感染，也可经蛋垂直传播。鸭支原体与其他病原微生物并发感染时，可加重病情。该病没有明显的季节性，但在寒冷季节由于保温和通风等因素的控制不当而造成该病的流行严重。

【症状】特征症状是一侧或两侧眶下窦肿胀（图 5–7），形成隆起的鼓包，触之有波动感，剖检可见浆液性分泌物。随着病程发展，逐渐形成黏液性和脓性

图 5–7　鸭眶下窦肿胀

分泌物，直至变成干酪样物，肿胀部位变硬。鼻腔有浆液性分泌物，并逐渐变成黏液性和脓性，在鼻孔周围出现干痂，故病鸭常表现为打喷嚏，时有甩头症状。严重病例有结膜炎，结膜潮红，流泪，将眼周围羽毛沾湿，待分泌物变成黏性，可导致失明，生长缓慢。蛋（种）鸭感染后多造成产蛋下降和孵化率降低，孵化弱雏较多。

【病理变化】剖检可见鸭鼻腔、气管、支气管内有浑浊的黏稠状或卡他性渗出物，气囊壁增厚、浑浊，严重者表面覆有黄白色干酪样渗出物（图5-8）。自然病例多为混合感染，可见呼吸道黏膜充血、水肿、增厚，窦腔内充满黏液性和干酪样渗出物，严重时在气囊和

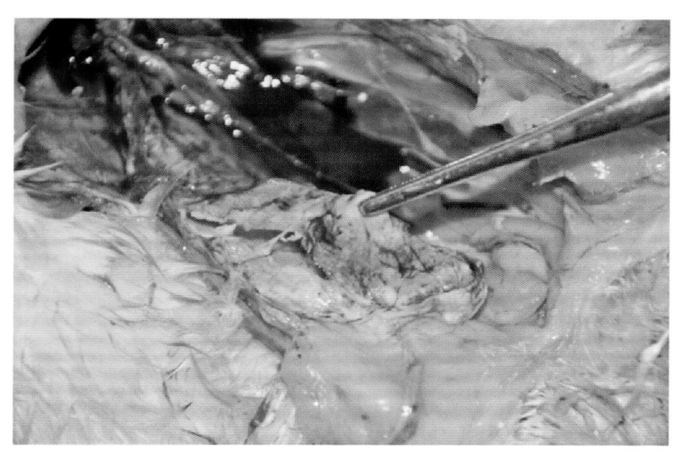

图5-8　鸭气囊表面有黄白色纤维素渗出

胸腔隔膜上覆有干酪样物。若与大肠杆菌混合感染，可见纤维素性心包炎和肝周炎等。

【诊断】眶下窦肿胀和气囊病变具有特征性，据此可做出诊断。亦可对病原进行分离和鉴定。从眶下窦肿胀处抽取分泌物，接种于 Frey 氏固体培养基，在 37℃ 培养 3 ~ 6 d，若形成"油煎蛋"样菌落，则可判断为支原体感染。

【预防】改善养殖环境，加强环境卫生管理。最好能做到"全出全出"，便于彻底消毒。用福尔马林对孵化箱进行熏蒸消毒，对于控制本病有一定效果。

【治疗】对于发病鸭群可选择泰乐菌素、环丙沙星、强力霉素、泰妙霉素等进行治疗。为防止耐药性产生，最好选择 2 ~ 3 种药物联合或交替使用，连用 4 ~ 5 d。

六、鸭寄生虫病

（一）球虫病

鸭球虫病是由不同属球虫寄生于肠道或肾脏引起的一种急性寄生虫病，该病可造成雏鸭大批发病和死亡，耐过鸭生长缓慢，生产性能下降。

【病原】病原种类较多，以毁灭泰泽球虫的致病力最强，常与菲莱温扬球虫混合感染。球虫多寄生于肠道，毁灭泰泽卵囊小，椭圆形，壁薄，淡绿色，无卵膜孔；孢子化卵囊内无孢子囊，有 8 个游离的孢子，孢子化时间为 17 ~ 19 h。菲莱温扬球虫卵囊较大，卵圆形，有卵膜孔；孢子化卵囊内有 4 个孢子囊，每个孢子囊内有 4 个小孢子，孢子化时间为 24 ~ 33 h。

【流行病学】鸭通过摄入饲料或饮水、鸭舍以及运动场中的孢子化卵囊后而感染发病。某些昆虫和养殖人员均可以成为球虫的传播者。各个日龄的鸭均有易感性，幼龄鸭较为易感，感染率和发病率均较高，但死亡率较低。成年鸭多为隐性感染，是本病的重要传染源。一些野生水禽也是该病的传染源。球虫卵囊对自然界各种不利因素的抵抗力较强，在土壤中可保持活力达86周之久，一般消毒剂不能杀死卵囊，但冰冻、日光照射和孵化器中的干燥环境对卵囊具有抑制杀灭作用。26～32℃的潮湿环境有利于卵囊发育。饲养管理不良，如卫生条件差，鸭舍潮湿、密度过大以及饲料中维生素A、K缺乏等因素可促进本病的发生。该病具有明显的季节性，一般6～9月高温多雨季节多发，其他时间零星散发。

【症状】急性鸭球虫病多发生于2～3周龄的雏鸭，感染后第4 d出现精神萎靡、缩颈、拒食、喜卧、渴欲增加等症状（图6–1），病鸭腹泻，排暗红色或深紫色血便（图6–2），随后2～3 d内发生急性死亡，死亡率20%～70%不等。耐过病鸭逐渐恢复食欲，但生长缓慢，生产性能下降。慢性病例多呈隐性经过，偶见腹泻，常为球虫的携带者和传染源。

图 6–1　发病鸭群精神萎靡

图 6–2　排暗红色血便

【病理变化】毁灭泰泽球虫感染鸭症状严重，剖检可见整个小肠呈广泛性出血性肠炎，尤其卵黄蒂前后的肠段病变最为明显。肠壁肿胀、出血，黏膜上有出血斑或密布针尖样大小的出血点，有的可见红白相间的小点，部分肠黏膜上覆有一层奶酪样或麸皮状黏液，或有淡红色或深红色胶冻状出血性黏液（图 6–3）。

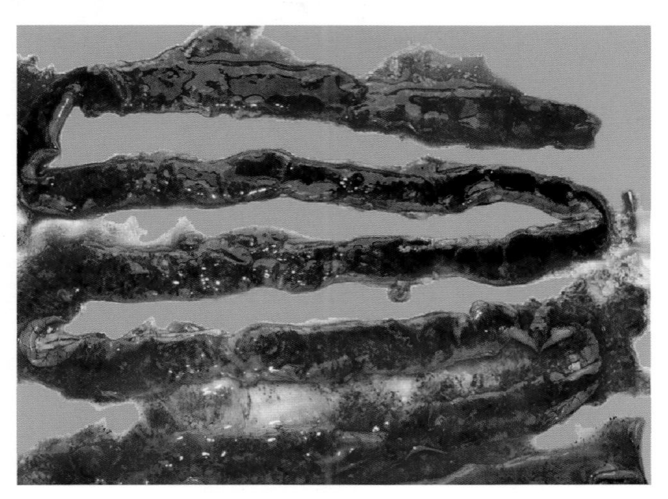

图 6–3　肠道中充满红色内容物

【诊断】鸭群携带球虫现象较为普遍，不能仅根据粪便中有无卵囊做出诊断，应根据症状、流行病学、病理变化，结合病原检查，综合判断是否为球虫感染。

【预防】加强饲养管理，鸭舍应经常打扫、消毒，保持干燥清洁。患鸭应及时隔离治疗，防止传播。

【治疗】磺胺间六甲氧嘧啶（SMM）按照 0.1% 拌料，或复方磺胺间六甲氧嘧啶（SMM+TMP，1∶5）按照 0.02%～0.04% 拌料，连用 5 d 后，停用 3 d，再连用 5 d。磺胺甲基异噁唑（SMZ）按照 0.1% 拌料，或复方

磺胺甲基异噁唑（SMZ+TMP，1∶5）按照0.02%～0.04%拌料，连用7 d后，停用3 d，再用3 d。肉鸭在屠宰前一周要停喂抗球虫药。

（二）绦虫病

寄生于水禽肠道内的绦虫种类较多，主要的是矛形剑带绦虫和皱褶绦虫。绦虫均寄生于水禽的小肠内，尤其是十二指肠。大量虫体增殖可造成鸭贫血、下痢、产蛋下降甚至停产。

【病原】主要是矛形剑带绦虫和皱褶绦虫。矛形剑带绦虫虫体为乳白色，形似矛头，由20～40个节片组成，头节细小，附有4个吸盘，顶端有8个小钩，颈短；虫卵无色，呈椭圆形；以水生的剑水蚤为中间宿主，虫卵在剑水蚤体内发育成类囊尾蚴。皱褶绦虫为大型虫体，头节细小，易脱落；头节下有一扩张的假头节，由许多无生殖器官的节片组成，吻端有钩；虫卵为两端稍尖的椭圆形。

【流行病学】矛形剑带绦虫卵囊形成类囊尾蚴，鸭等水禽摄入含类囊尾蚴的剑水蚤而感染，在小肠内经2～3周发育为成虫。雏鸭易感，严重者可导致死亡。

成年鸭多为带虫传染源。皱褶绦虫与矛形剑带绦虫感染宿主过程相似。目前该病在我国多个省份均有报道。该病多发生于中间宿主活跃的4～9月。各种水禽均可感染该病，但以25～40日龄的雏鸭发病率和死亡率最高。

【症状】雏鸭感染后首先出现消化机能障碍的症状，排混有白色绦虫孕片的灰白色粪便（图6–4）。后期患禽食欲下降至废绝，渴欲增加，生长缓慢，消瘦，精神不振，不愿运动，常离群独处，两翅下垂，羽毛粗乱。有时可见运动失调，两腿无力，走路不稳，常突然侧向一侧跌倒，站立困难。夜间鸭伸颈张口呼吸，作划水状。发病后一般经过1～5 d死亡，若有其他疾病并发或继发感染，则可导致较高的死亡率。

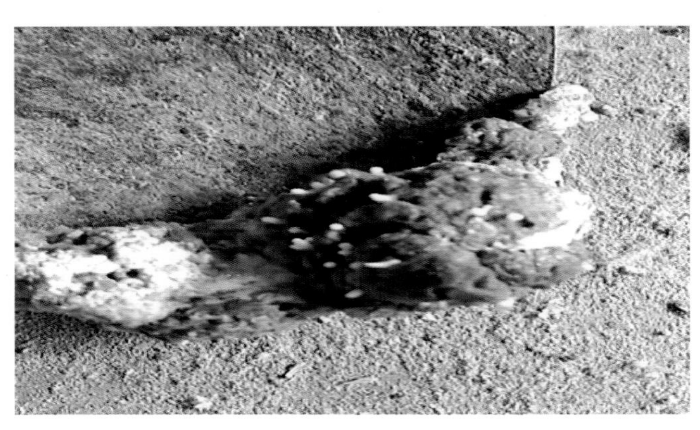

图6–4　带有绦虫孕片的粪便

【病理变化】雏鸭消瘦，部分病鸭心外膜有出血，肝脏略肿大，胆囊充盈，胆汁稀薄，肠道黏膜充血、出血，呈卡他性炎症，十二指肠和空肠内可见大量虫体（图6–5），有时甚至堵塞肠腔，肌胃内容物较少，角质膜呈淡绿色。

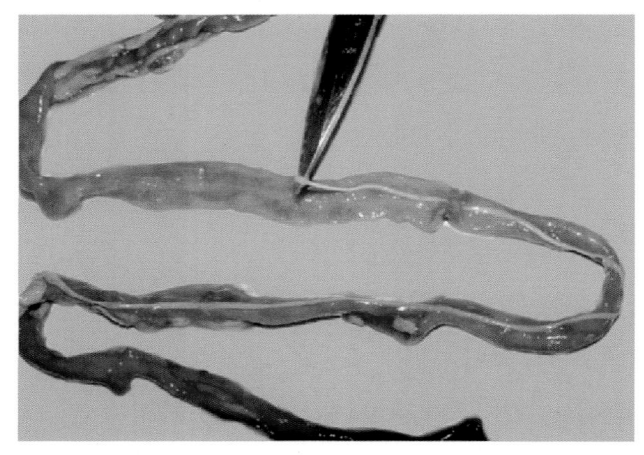

图6–5　肠道内绦虫

【诊断】采集鸭粪便中的白色米粒样孕卵节片，轻碾后作涂片镜检，可见大量虫卵。也可以对部分病情严重的鸭进行剖检，结合小肠剖检变化综合诊断。

【预防】改善鸭舍环境卫生，对粪便和污水进行生物处理和无害化处理，养殖过程中注意观察感染情况。对成年鸭进行定期驱虫，一般在春秋两季进行，以减少病原对环境的危害。

【治疗】治疗或预防驱虫可选用以下方案：每千克体重服用20～30 mg丙硫咪唑（抗蠕敏）；每千克体重服用150～200 mg硫双二氯酚（别丁），隔4 d后再用一次；每千克体重服用100～150 mg氯硝柳胺（灭绦灵）。

（三）线虫病

鸭线虫病是由线虫纲中的线虫引起的一种寄生虫病。线虫的生活史多种多样，一般可分为直接和间接发育两种，直接发育的线虫不需要中间宿主，雌虫直接将卵排出体外，在适宜的条件下，孵育成幼虫并经两次蜕皮变为感染性幼虫，被易感动物摄入后，在其体内发育成虫。间接发育的线虫则需要软体动物、昆虫作为中间宿主。线虫是对鸭危害最为严重的蠕虫。感染鸭的线虫主要包括蛔虫、异刺线虫、四棱线虫、裂口线虫和毛细线虫等。

1. 蛔虫病

鸭蛔虫病是由蛔虫寄生于小肠内的一种常见寄生虫病，在全国各地均有发生，主要造成雏鸭的发育不

良，严重时造成大批死亡。

【病原】蛔虫是寄生于鸭体内最大的线虫，呈淡黄白色，头端有三个唇片，雄虫尾端向腹部弯曲，有尾翼和尾乳突，一个圆形或椭圆形的泄殖腔前吸盘，两根交合刺长度相近。虫卵呈深灰色、椭圆形，卵壳较厚，新排虫卵内含有一个椭圆形胚细胞。受精后雌虫将卵随粪便排出体外。虫卵对外界环境和常用消毒药物抵抗力很强，但在干燥、高温和粪便堆肥等情况下很快死亡。虫卵在适宜条件下发育成为感染性虫卵，可存活6个月之久。鸭由于摄入污染有感染性虫卵的饲料和饮水，虫卵进入小肠内脱壳发育为成虫。

【流行病学】该病的发生与蛔虫的生活世代周期密切相关，3～4周龄的雏鸭最为易感和发病，成年鸭多为带虫者传染源。

【症状】患病雏鸭多表现为生长发育受阻，精神萎靡，行动迟缓，食欲减退，消瘦，腹泻，偶见粪便中掺有黏液性血块，羽毛松乱，贫血，黏膜苍白，最终可因衰竭而亡。严重病例可导致肠道堵塞而死亡。

【病理变化】剖检可见小肠黏膜发炎、出血，肠壁上有颗粒样化脓灶或结节。严重感染病例可见大量虫体聚集，相互缠绕如麻绳状，造成肠道堵塞，甚至肠管破裂和腹膜炎。

【诊断】根据症状和剖检变化可作初步诊断。结合饱和盐水漂浮法检查粪便中虫卵或小肠、腺胃和肌胃中虫体于低倍显微镜下观察可以确诊。

【预防】搞好禽舍的环境卫生，及时清理粪便；对粪便进行堆积发酵，杀死虫卵；对鸭群定期进行预防性驱虫，每年 2 ~ 3 次。

【治疗】一旦发生该病，应及时治疗。可采用以下方案：丙硫咪唑，每千克体重 10 ~ 20 mg，一次服用；左旋咪唑，每千克体重 20 ~ 30 mg，一次服用；噻苯唑，每千克体重 500 mg，配成 20% 悬液内服；枸橼酸哌嗪，每千克体重 250 mg，一次服用。

2. 异刺线虫病

鸭的异刺线虫病是由异刺线虫寄生于鸭的盲肠内引起的一种寄生虫病。也可寄生在鸡、火鸡等其他家禽的盲肠内。此外，虫卵还可能携带组织滴虫，引起禽类发生盲肠肝炎。

【病原】异刺线虫又称盲肠虫，虫体呈淡黄白色。雄虫长 7 ~ 13 mm，尾部有两根长短不一的交合刺。雌虫长 10 ~ 15 mm。虫卵较小，呈椭圆形，灰褐色，随粪便排出体外。在适宜的条件下经2周左右发育成感染性虫卵。虫卵污染的饲料、饮水被鸭吞食后，虫卵到达小肠孵化为幼虫，后进入盲肠黏膜内，经2～5 d发育后返回盲肠肠腔，最后经过1个月左右发育为成虫。

【流行病学】异刺线虫不仅可以感染鸭、鹅，也可以感染鸡、鸽等家禽。

【症状】患病雏鸭表现为食欲减退至废绝，消瘦，生长发育不良，腹泻，逐渐消瘦而亡。产蛋鸭产蛋下降，甚至停产。

【病理变化】剖检可见盲肠肿大，肠壁明显发炎、增厚，有时可见溃疡灶，也可见在黏膜或黏膜下层形成结节。盲肠内可见虫体，尤其以盲肠末端虫体最多。

【诊断】可以根据症状和病理变化做出初步诊断。确诊需采集患禽粪便，用饱和盐水浮集法检查粪便中的虫卵。

【防治】可参考蛔虫病。

（四）吸虫病

1. 前殖吸虫病

前殖吸虫病是由前殖科前殖属的多种吸虫寄生于

鸭等多种禽类的直肠、泄殖腔、法氏囊和输卵管等引起的一种寄生虫病。常引起产蛋鸭产蛋异常，严重者甚至死亡。

【病原】虫体呈棕红色，扁平梨形或卵圆形，体长3 ~ 6 mm。成虫在寄生部位产卵，随粪便排出体外，被第一个中间宿主淡水螺类吞食，孵化成为毛蚴，之后进入螺肝内发育为胞蚴，进而发育成尾蚴并离开，再进入蜻蜓幼虫和稚虫体内发育为囊蚴，鸭通过摄入含有囊蚴的蜻蜓幼虫或成虫即被感染，感染后在鸭体内经1 ~ 2周发育为成虫。

【流行病学】呈地方性流行，发病与蜻蜓出现的季节一致，春、夏季节多发。温暖和潮湿的气候可以促进本病的发生。散养和放牧的各日龄鸭以及其他禽类均可感染，规模化养殖的鸭场不发生该病。

【症状】发病初期没有明显的症状，但陆续开始出现产薄壳蛋。随着病程的发展，产蛋量逐渐下降甚至停产。鸭精神萎靡，食欲减退，消瘦，体温升高，渴欲增加，泄殖腔突出，肛门周围潮红。个别病例由于继发腹膜炎，在3 ~ 5 d内很快死亡。

【病理变化】剖检可见输卵管和泄殖腔发炎，黏膜充血、肿胀、增厚，在管壁上可见红色的虫体。有的输卵管变薄甚至破裂，引起卵黄性腹膜炎，腹腔中充满黄色和白色的液体，脏器之间互相粘连。

【诊断】结合生产上畸形蛋、薄壳蛋及其他品质较差的蛋和剖检，可见输卵管特征性病变，做出初步诊断。确诊需要通过进一步在病变部位观察虫体，粪便中观察虫卵。

【预防】在养殖集中地区的鸭群进行定期检查。及时清理粪便，堆积发酵，以杀灭粪便中的虫卵。在多发季节春、秋两季定期驱虫。

【治疗】可采用以下治疗方案进行治疗：阿苯达唑每千克体重 10 ~ 20 mg，一次服用或拌料使用；丙硫咪唑每千克体重 30 ~ 50 mg 或噻苯唑每千克体重 500 mg，一次服用，有较好的治疗效果。吡喹酮每千克体重 60 mg 拌料，一次服用，连用两天。

2. 棘口吸虫病

卷棘口吸虫是寄生于鸭直肠和盲肠内引起的一种寄生虫病。亦可感染鸡及其他多种禽类。

【病原】卷棘口吸虫，虫体呈淡红色，长叶状，体表有小刺。虫体长 7.6 ~ 12.6 mm。具有头棘结构。成虫在禽的直肠或盲肠内产卵，随粪便排到体外。在

31～32 ℃的水中10 d左右孵化为毛蚴，进入第一宿主折叠萝卜螺、小土蜗或凸旋螺后，经过32 d左右先后形成胞蚴、雷蚴和尾蚴，后离开螺体，在水中再次遇到第一宿主蝌蚪或其他生物后进入第二宿主并在其体内形成囊蚴。鸭摄入含感染性囊蚴的第二宿主而感染，囊蚴进入消化道，童虫逸出，吸附于肠壁，经过16～22 d发育为成虫。

【流行病学】多发生于长江流域和华南地区，放养的水禽或使用水生植物的鸭发病率较高。对雏鸭的危害较为严重。一年四季均可发生，但以6～8月为感染的高峰期。

【症状】对雏禽危害较为严重。由于虫体的机械性刺激和毒素作用，患禽消化机能障碍，表现为食欲减退，消化不良，下痢，粪便中可见黏液和血丝，贫血、消瘦，生长发育不良，甚至造成患禽死亡。成年个体多为体重下降和产蛋下降。

【病理变化】剖检可见盲肠、直肠和泄殖腔出血性发炎，黏膜点状出血，肠内容物充满黏液，黏液中可见虫体相互缠绕成团堵塞肠腔。

诊治与前殖吸虫病相似。

（五）虱　病

虱属节肢动物门昆虫纲，是各种家禽常见的外寄生虫病。常寄生在鸭的体表和附于羽毛、绒毛上，此外，虱还能传播疾病。该病严重危害鸭群健康和生产性能，造成巨大的经济损失。

【病原】虱个体较小，一般为1～5 mm，呈淡黄色或淡灰色椭圆形，由头、胸、腹三部分组成，咀嚼氏口器，头部较宽，有一对触角，无翅。虱的种类多种多样，形态和生活史较为相似。虱属于永久性寄生虫，发育为不完全变态。虫卵常簇结成块，黏附于羽毛上，经过5～8 d孵化为幼虫，外形与成虫相似。在2～3周内经过3～5次蜕皮变为成虫。寿命仅为数月，一旦离开宿主，存活时间较短。

【流行病学】虱的传播方式主要是直接接触传播，可感染多种家禽，如鸭、鹅、鸡等。一年四季均可发生，冬季较为严重。饲养期较长的鸭、鹅更易感染该病。虱主要以羽毛和皮屑为食，一般并不吸血。主要传染源是患禽。

【症状】虱以禽类羽毛、皮屑为食，造成羽毛脱落和折断。大量寄生时，鸭受到羽毛和体表的刺激而表现出奇痒，啄羽，影响正常的饮食和作息。产蛋鸭的产蛋量下降，消瘦、贫血。有时虱吸血且产生毒素，也可影响鸭的生长发育和生产性能。常见皮肤由于啄羽造成的出血斑或伤口结痂。

【病理变化】感染鸭的个体差异没有特征性病变，但各器官、组织由于营养不良而呈现不同程度的发育受阻或萎缩。

【诊断】通过检查鸭皮肤和羽毛上的虱及其卵进行确诊。

【预防】加强饲养管理，改善鸭舍环境，同时对禽舍、器具、料槽、水线等和环境进行彻底的杀虫和消毒。鸭、鹅等水禽要多下水以清洁体表。平时应注意定期杀虱。

【治疗】根据季节、药物剂型和鸭群感染程度等选择合理的方法杀灭体表的虱。20% 的杀灭菊酯乳油 0.02 ml/m^3，用带有烟雾发生器的喷雾机喷雾，处理后密闭 2～4 h。20% 杀灭菊酯乳油 3 000～4 000 倍用水稀释，或 10% 的二氯苯醚菊酯乳油 4 000～5 000 倍用水稀释，直接大群喷洒，具有良好的效果。间隔 7～10 d 后再用药一次。

（六）蜱　病

蜱是寄生于鸭体表的常见暂时性吸血寄生虫，亦可以感染牛、羊、犬等哺乳动物和人，不仅能直接影响鸭的生产性能，也是许多疾病的传播媒介。

【病原】主要为波斯锐缘蜱，虫体扁平，呈卵圆形，淡灰黄色，假头位于前部腹面，体缘薄锐，呈条纹状或方块状。背面和腹面以缝线分界。背面无盾板，有一层凹凸不平的颗粒状角质层。吸血后虫体呈灰黑色。幼虫三对足，若虫和成虫四对足。蜱的发育经虫卵、幼虫、若虫和成虫四个阶段。由虫卵孵化幼虫，在温暖季节需要 6 ~ 10 d，凉爽季节需 3 个月之久。幼虫在 4 ~ 5 日龄寻找宿主吸血，4 ~ 5 次后离开宿主，经 3 ~ 9 d 蜕皮变成一期若虫，再次吸血 10 ~ 45 min，离开宿主后经 5 ~ 8 d，蜕皮成为二期若虫，再经过 5 ~ 15 d 吸血 15 ~ 75 min，经 12 ~ 15 d 蜕皮发育为成虫。经过 1 周左右，雌虫和成虫交配产卵。整个生活史需 7 ~ 8 d。

【流行病学】蜱为暂时性寄生虫，平时栖息于禽舍的墙壁、顶棚、器具等缝隙中，并在这些隐蔽的场所进行繁殖。当鸭、鹅等休息时，不同发育阶段的幼虫、若虫和成虫移行到体表通过叮咬吸血。以夏秋季节多发。

【症状】蜱的吸血量较大。少量感染时，没有明显症状。但大量蜱附于鸭体表吸血时，病鸭表现出不安，羽毛松乱，食欲减退，消瘦，贫血，发育生长缓慢，饲料利用率和转化率下降，产蛋下降等。部分个体表现出蜱性麻痹，严重者造成死亡。

【病理变化】内脏器官无特征性病变。

【诊断】通过观察鸭体表蜱的存在即可确诊该病。

治疗可参考虱病。

七、鸭营养代谢病

（一）痛　风

痛风是由于多种原因引起的尿酸在血液中大量积聚，造成关节、内脏和皮下结缔组织发生尿酸盐沉积而引起的一种营养代谢病。以行动迟缓、关节肿大、跛行、厌食、腹泻为特征。不同品种的鸭均可发生，雏鸭多见。

【病因】痛风的病因有多方面的因素，各种外源性、内源性因素导致血液中尿酸水平增高和肾功能障碍，血液中尿酸水平升高的同时肾脏排出尿酸量增加而损伤，造成尿酸盐的排泄受阻，反过来又促使血液中尿酸水平增高，如此恶性循环造成该病的愈发严重。

（1）营养性因素：

①核蛋白和嘌呤碱基饲料过多。豆粕、鱼粉、肉骨粉等含核蛋白和嘌呤较多。这些蛋白类物质代谢终产物中尿酸比例较高，超出机体排出能力，大量的尿酸盐就会沉积在内脏或关节而形成痛风。

②可溶性钙盐含量过高。饲料中添加的贝壳粉或石粉过多，超出机体需求和排泄能力，钙盐从血液中析出，沉积在不同部位造成钙盐性痛风。

③饮水量不足。夏季或运输过程中饮水不足，造成机体脱水，代谢产物无法随尿液排出造成尿酸盐沉积。其他如维生素 A、D 等缺乏和矿物质比例不当也可诱发该病。

（2）中毒性因素：许多药物对肾脏有损害作用，如磺胺类和氨基糖苷类等抗生素通过肾脏进行排泄，具有肾脏毒性，若持续过量用药则易导致肾脏损伤。长期使用磺胺类药物，不配合碳酸氢钠等碱性药物，药物易结晶析出沉积于肾脏和输尿管中，影响肾和输尿管的排泄功能，造成尿酸盐沉积，诱发该病。

此外，一些传染性因素，如禽肾炎病毒，感染后导致肾脏代谢机能障碍后也可以诱发此病。

【症状】根据尿酸盐沉积部位不同，可分为关节痛风和内脏痛风。关节痛风主要见于青年和成年鸭，病鸭脚和腿关节肿胀，触之较硬，站立姿势奇特，跛行甚至瘫痪。关节破裂后渗出灰黄色黏稠或干酪样尿酸盐结晶，剥落后可见出血性溃疡。内脏痛风多见于15日龄以内雏鸭，偶见于青年或成年鸭。病鸭精神萎靡，缩颈，两翅下垂，食欲减退甚至废绝，消瘦，蹼干燥，排白色黏液样或石灰样粪便。肛门周围布满白色糊状物，严重者突然死亡。产蛋鸭产蛋下降甚至停产。

【病理变化】内脏型病例剖检可见内脏器官表面有大量的尿酸盐沉积（图7-1），输尿管变粗，管壁增厚，管腔内充满石灰样沉积物。肾脏肿大，颜色变淡甚至出现肾结石和输尿管堵塞。严重病例在多个脏

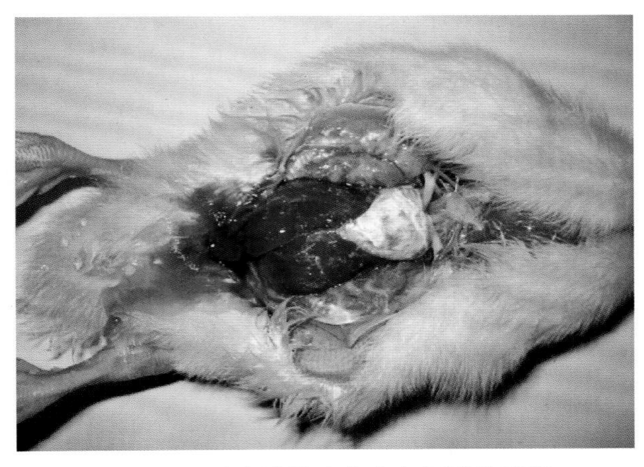

图7-1　鸭内脏器官有白色尿酸盐沉积

器、浆膜、气囊和肌肉表面均有白色尿酸盐沉积。关节型病例可见病变关节肿胀，关节腔内有白色尿酸盐沉积。

【防治】关键在于科学合理地配置日粮，保持合理的钙、磷比例，适当添加维生素 A，给予充足的饮水。加强饲养管理，合理、慎重选择药物，避免长期过量使用损伤肾脏的药物。鸭群一旦发病，应适当限制日粮摄入量，每日递减，连续 5 d，同时补充多种维生素，保证充足饮水，促进尿酸盐的排出。

（二）维生素 B_1 缺乏症

维生素 B_1 缺乏症又称多发性神经炎，是由于饲料中维生素 B_1 含量不足引起鸭的一种营养代谢性疾病。维生素 B_1 是体内多种酶的辅酶，在调节糖类代谢、促进生长发育和保持正常的神经和消化功能等方面具有重要的作用。

【病因】饲料中的维生素 B_1 在加热和碱性环境中易遭到破坏，或者饲料中含有硫胺素酶、氧硫胺素等而使维生素 B_1 受到破坏。饲料贮存时间过久，贮存条件不当或发生霉变等因素造成维生素 B_1 的损失。消化机能障碍会影响维生素 B_1 的吸收和利用。此外，氨丙啉等抗球虫药物的过量使用也可造成维生素 B_1 的缺乏。

【症状】雏鸭日粮中缺乏维生素 B_1 时，一般一周左右开始出现症状。鸭食欲下降，生长发育受阻，羽毛松乱，无光泽，精神不振。随着病程的发展，两脚无力，腹泻，不愿走动。行动不稳，失去平衡感，行走过程中常跌倒在地，有时出现侧倒或仰卧，两腿呈划水状前后摆动，很难再次站立。头颈常偏向一侧或扭转，无目的性的转圈奔跑。这种症状多为阵发性，且日益严重，最后抽搐而亡。成年鸭缺乏维生素 B_1 时症状不明显，产蛋量下降，孵化率降低。

【病理变化】胃肠慢性炎症，肠壁明显变薄或见溃疡。雏鸭生殖器官发育不全。

【防治】保证日粮中维生素 B_1 的含量充足，在生长发育和产蛋期应适当增加豆粕、糠麸、酵母粉等。雏鸭出壳后，可在饮水中添加适量的电解多维。在使用抗生素和磺胺类药物治疗疾病时，应增加饲料或饮水中维生素 B_1 的比例。治疗可在每千克饲料中加入 10 ~ 20 mg 维生素 B_1 粉剂，连用 7 ~ 10 d。每 1 000 羽雏鸭用 500 ml 维生素 B_1 溶液饮水，连用 2 ~ 3 d。

（三）维生素 B_2 缺乏症

维生素 B_2 缺乏症是由于维生素 B_2 缺乏或不足引起机体新陈代谢中生物氧化机能障碍性疾病。维生素 B_2 又称核黄素，是机体内多种酶的辅基，与机体的生长和组织修复密切相关。由于体内合成量较少，多由饲料中外源性维生素 B_2 提供以维持机体正常的新陈代谢功能。

【病因】饲料中维生素 B_2 含量不足，所需维生素 B_2 在机体内合成较少，主要依赖于饲料补充，主要饲料原料多为维生素 B_2 含量较低的玉米、豆粕、小麦等，有时经过紫外线照射等因素受到破坏。某些药物如氯丙嗪等能拮抗维生素 B_2 的吸收和利用。鸭群在低温、应激等条件下对维生素 B_2 的需求增加，正常的添加量不能满足机体需要。胃肠道等消化机能障碍会影响维生素 B_2 的转化和吸收。饲料中脂类含量增加，维生素 B_2 的含量也应适当提高。

【症状】主要发生于 2 周龄至 1 月龄雏鸭。鸭生长发育受阻，食欲下降，增重缓慢并逐渐消瘦。羽毛松乱无光泽，行动缓慢。病情严重的鸭表现出明显症状，趾爪向内弯曲呈握拳状（图 7–2），瘫痪，多以飞节着地，或以两翅伏地以保持平衡，腿部肌肉萎缩，皮肤干燥。有时可见眼睛结膜炎和角膜炎，腹泻。病程后期患禽多卧地不起，不能行走，脱水，但仍能就近采食，若离料槽、水线等较远，则可因无法饮食造成虚脱而亡。成年鸭仅表现出生产性能下降。

图 7–2　维生素 B_2 缺乏引起的鸭爪向内蜷曲

【病理变化】内脏器官没有明显变化。整个消化道空虚，肠道内有些泡沫状内容物，肠壁变薄。重症病例可见坐骨神经粗肿。种鸭缺乏维生素 B_2 可导致出壳后的雏鸭颈部皮下水肿，前期死淘率较高。

【防治】保证饲料中补充维生素 B_2，饲料应合理贮存，防止因潮湿、霉变等破坏维生素 B_2。雏鸭出壳后应在饲料或饮水中添加适当的电解多维。治疗可按每千克饲料中添加 10 ~ 20 mg 维生素 B_2 粉剂，连用 7 ~ 10 d；也可 1 000 羽雏鸭饮水中加入 500 ml 复合维生素 B 溶液，连用 2 ~ 3 d。

（四）泛酸缺乏症

泛酸又称维生素 B_3，是由维生素 B_3 缺乏或不足引起脂肪、糖、蛋白质代谢障碍。生产上多以羽毛发育不良、脱落，出现皮炎为特征性症状。泛酸在小肠吸收后，通过肠黏膜进入血液循环供机体利用，在肝脏和肾脏中浓度较高，是构成辅酶 A 的主要成分，进而参与机体碳水化合物、脂肪、蛋白质的代谢过程。

【病因】泛酸参与体内抗坏血酸的合成，因此，一定量的抗坏血酸可以降低机体对泛酸的需求量。一般全价饲料不易发生泛酸的缺乏。单一饲喂玉米易引起泛酸缺乏。种鸭饲料中维生素 B_{12} 缺乏时，也能够导致泛酸的缺乏。

【症状】鸭羽毛发育不良、粗乱，甚至头部和颈部羽毛脱落。鸭日渐消瘦，口角、眼睑和肛门周围有局限性小结痂，眼睑常被黏性渗出物粘连而变得狭小，影响鸭的视力。脚趾之间及脚底有小裂口，结痂、水肿或出血。随着裂口的加深，鸭行走困难，腿部皮肤增厚、粗糙、角质化甚至脱落。骨短粗，甚至发生滑膜炎。雏鸭表现为生长缓慢，病死率较高。成年鸭症状不明显，但种蛋的孵化率明显降低，孵化过程中死胚率增加，胚体皮下水肿和出血。

【病理变化】剖检可见病鸭口腔内有黏性分泌物，腺胃中有灰白色的渗出物。肝脏肿大，呈浅黄至深黄色。脾脏轻度萎缩。脊髓变性。

【防治】饲喂营养全面的配合饲料，可有效预防该病的发生。如自行配制饲料，保证日粮中泛酸含量满足机体需求。发病后，可在每千克饲料中添加 20 ~ 30 mg 泛酸钙，连用两周，治疗效果较好。同时要注意补充维生素 B_{12} 用量。

（五）胆碱缺乏症

胆碱又称维生素 B_4，是磷脂、乙酰胆碱等物质的组成成分，缺乏或不足会造成家禽脂肪代谢障碍。

【病因】集约化生产中，日粮中能量和脂肪含量较高时，禽类采食量下降，使胆碱摄入不足。叶酸或维

生素 B_{12} 缺乏也能造成胆碱缺乏。胆碱的需求量主要取决于叶酸和维生素 B_{12} 的供给，两者在动物体内利用蛋氨酸和丝氨酸可以合成胆碱。成年鸭、鹅一般不易缺少胆碱，但雏禽体内胆碱的合成速度不能满足其快速生长发育的需要，应在日粮中适当添加。

【症状】饲料中胆碱不足时，雏鸭表现生长缓慢甚至停滞，胫骨短粗，关节变形，跛行，严重者甚至瘫痪。成年鸭出现产蛋下降，死淘率增加。

【病理变化】雏鸭关节软骨变形，跟腱滑脱等。成年鸭可见肝肿大，色泽变黄，质脆易碎。表面有出血点，严重者发生肝破裂，肝表面和体腔中有凝血块。肾脏及其他器官有脂肪浸润和变性。

【防治】饲料中添加 0.1% 的氯化胆碱可有效预防该病的发生。发病后立即在饲料中添加 2 ~ 3 倍预防量的胆碱可以很快改善症状。发生跟腱滑落的重症患禽没有治疗价值，应及时淘汰。

（六）烟酸缺乏症

烟酸在能量的生成、贮存以及组织生长方面具有重要作用。另外，烟酸对机体脂肪代谢有重要作用。

【病因】饲料中长期缺乏色氨酸，体内烟酸合成减少。由于玉米等谷物类原料含色氨酸量很低，不额外添加即会发生烟酸缺乏症。长期使用某种抗菌药物，或患有寄生虫病、腹泻病，肝、胰脏和消化道等机能障碍时，可引起肠道微生物烟酸合成减少。其他营养物，如日粮中核黄素和吡哆醇的缺乏，也影响烟酸的合成，造成烟酸需要量的增加。

饲料原料中的结合态烟酸不能通过正常的消化作用而被机体利用。饲料通过消化道的速度很快，因胃肠道黏膜上皮发生病理变化从而抑制了吸收，导致烟酸在肠道中的吸收率低下。在应激条件下，需要在日粮中添加高水平的烟酸以便释放出养分中的能量，同时也需要较高水平的烟酸来确保能量代谢的进行。

【症状】雏鸭主要症状为羽毛蓬乱和皮炎，胫跗关节肿大，胫骨短粗，两腿内弯（图 7–3），两腿交叉呈模特步跛行（图 7–4），直至瘫痪（图 7–5）。成年鸭发生缺乏症，羽毛蓬乱无光，甚至脱落，体重减轻，产蛋量和孵化率下降，可见足和皮肤有磷状皮炎。

【病理变化】剖检可见口腔、食道黏膜表面有炎性渗出物，胃肠充血，十二指肠溃疡。产蛋鸭肝脏肿大，颜色变黄、易碎。

图 7-3　鸭腿向内弯曲

图 7-4　鸭行走时两腿交叉

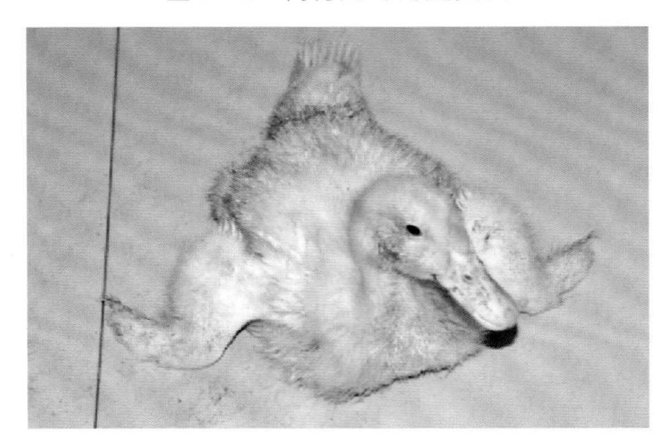

图 7-5　鸭瘫痪不能站立

【诊断】根据症状可做出初步诊断，但应注意鉴别。

【防治】预防量为在日粮中添加烟酸 20～30 g/t 饲料。治疗量可添加烟酸 30～40 mg/kg 饲料，连续饲喂。

（七）维生素 A 缺乏症

维生素 A 可维持视觉、上皮组织和神经系统的正常功能，保护黏膜的完整性。还可以促进食欲和机体消化功能，提高机体对多种传染病和寄生虫病的抵抗力，提高生长率、繁殖力和孵化率。

【病因】饲料中维生素 A 的缺乏是该病发生的原发性因素。某些疾病造成机体对维生素 A 吸收不良。当鸭患有寄生虫等疾病时，可以破坏肠黏膜上的微绒毛，造成机体对维生素 A 的吸收能力减弱。当胆囊发炎或肠道发炎时也会影响脂肪的吸收，这种情况下维生素 A 也不能被充分吸收、利用，大群亦可发病。饲料中维生素 A 由于日光暴晒、紫外照射、湿热、霉变及不饱和脂肪酸、混合饲料贮存时间过久而造成维生素 A 活性降低或失活。由于维生素 A、E 有协同作用，当维生素 E 缺乏或受到破坏时，维生素 A 也易受到破坏。

【症状】雏鸭维生素A缺乏时，精神不振，食欲减退，鼻流黏液或形成干酪样物堵塞鼻腔。骨骼发育障碍，两腿变软，瘫痪。喙部和腿部黄色素变淡。眼结膜充血、流泪（图7–6），眼内和眼睑下积有黄白色干酪样物质，造成角膜浑浊，继而角膜穿孔和眼房液流出，最后眼球内陷，失明，直至死亡。成年鸭缺乏时多呈慢性经过，抵抗力下降，易继发其他疾病。产蛋量明显下降，孵化率降低，死胚增加。

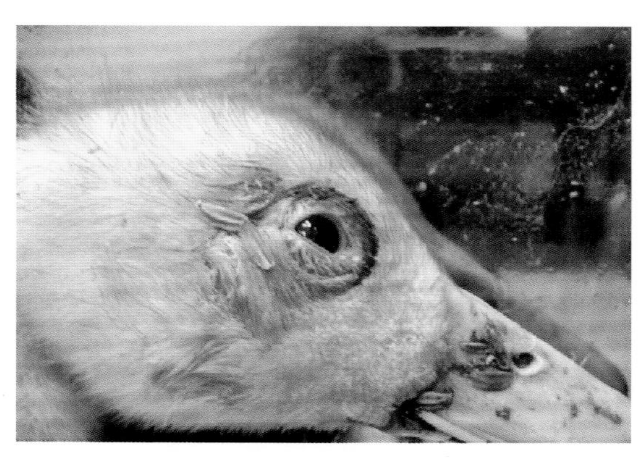

图7–6　病鸭眼流泪，鼻流黏液

【病理变化】以消化道黏膜上皮角质化为特征性病变。鼻腔、口腔、咽、食道黏膜表面可见白色小结节，不易剥落。随着病程的发展，结节变大并逐渐融合成一层灰白色的伪膜覆盖于黏膜表面，剥离后不出血，黏膜变薄，光滑，呈苍白色。肾脏肿大，输尿管扩

张，有白色尿酸盐沉淀物。

【防治】首先要保证日粮中有足够的维生素 A 和胡萝卜素含量，谷物饲料不宜过久贮存，以免胡萝卜素受到破坏，配合饲料夏季存放期不要超过 1 周。治疗按每千克饲料中加入 8 000 ~ 15 000 U 的维生素 A，疗效显著。还可以每千克饲料中加入 2 ~ 4 ml 鱼肝油，连用 7 ~ 10 d。

（八）维生素 D 缺乏症

维生素 D 缺乏症时钙、磷吸收和代谢障碍，骨骼、蛋壳形成受阻。

【病因】饲料中维生素 D 的含量少，不能满足机体正常生长发育需求；日粮中钙、磷比例不当；日光照射不足，均易造成维生素 D 的缺乏。

【症状】雏鸭发生该病多在 1 周龄左右，表现为羽毛松乱，发育不良，两腿无力，喙部和腿部颜色变淡。骨骼软，蹼变形（图 7–7），常导致佝偻，行走摇摆，以飞节着地，直至瘫痪。产蛋鸭缺乏维生素 D 时，初期薄壳蛋、软壳蛋增多，随后产蛋量下降甚至停产。种蛋孵化率降低，弱雏增多。

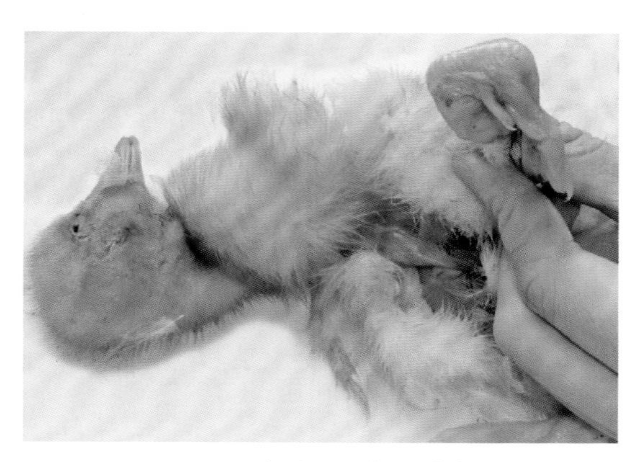

图 7–7　病鸭骨骼软，蹼变形

【病理变化】雏鸭肋骨沿胸廓向内呈弧形凹陷（图 7–8），肋骨和脊椎连接处呈现串珠样肿大。成年鸭无明显剖检病变。

图 7–8　病鸭肋骨内陷

【防治】规模化饲养的肉鸭应在饲料中添加足量的维生素 D，保证饲料中合理的钙、磷比例。散养鸭预防该病主要通过补充日粮中维生素D的含量，种鸭可在饲料中添加鱼肝油、糠麸等，同时要保证充足的光照时间。治疗按照500 kg饲料中加入250 g维生素AD粉，连用7～10 d。

（九）维生素E缺乏症

维生素E缺乏症是以脑软化症、渗出性素质、白肌病和繁殖障碍为特征的营养缺乏性疾病。维生素E不稳定，易被氧化分解，在饲料中可受到矿物质和不饱和脂肪酸的氧化而失活；与鱼肝油的混合也可因氧化而失活。

【病因】饲料储存时间过久，配方不当或加工过程不当时，会造成饲料中维生素E被氧化破坏。当肝、胆功能障碍或蛋白质缺乏时，可影响机体对维生素E的吸收。饲料中含有盐类或碱性物质时，对维生素E有破坏作用，硒的含量不足也会导致该病的发生。

【症状】根据症状不同可分为三类。

（1）脑软化症：多因微量元素硒和维生素E同时缺乏引起。以神经功能紊乱为主，多发生于1周龄雏鸭，主要表现为运动失调，步态不稳，头向一侧倒或后方仰，角弓反张，两腿痉挛，无目的奔跑或转圈，最终衰竭而死亡。

（2）渗出性素质：常见于2～6周龄雏鸭，表现为羽毛粗乱，生长发育不良，精神不振，食欲减退。颈、胸部皮下水肿，腹部皮下积有大量液体甚至水肿，呈淡紫色或淡绿色，与葡萄球菌感染相似。

（3）肌营养不良：多发生于青年或成年鸭，消瘦、无力，运动失调。胸肌、腿肌等部位贫血而发白。产蛋鸭产蛋量下降，孵化率降低，胚胎死亡（图7-9）。维生素E-硒缺乏时，孵化出的鸭小脑部骨骼闭合不全，脑呈暴露状态（图7-10）。

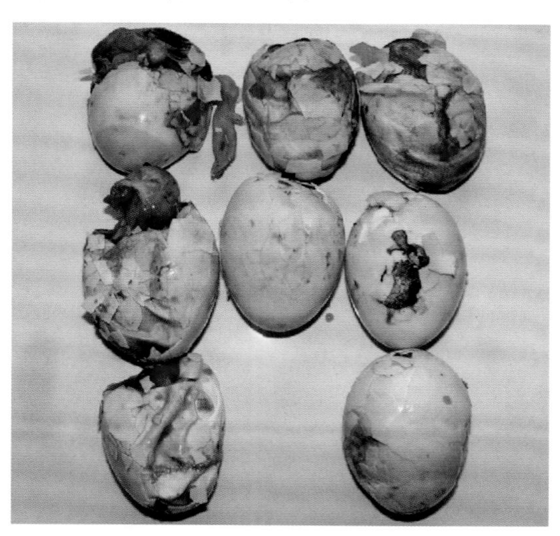

图7-9　孵化后期种鸭胚大量死亡

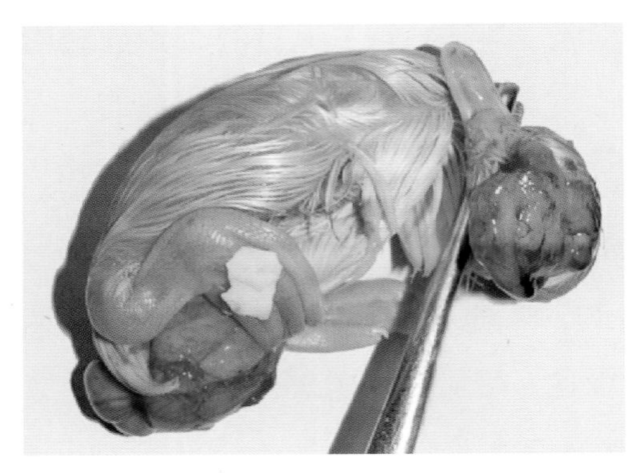

图 7-10　孵出的雏鸭脑部骨骼闭合不全

【病理变化】脑软化症剖检可见脑膜水肿，小脑软化，有时可见散在的出血点或出血斑。渗出性素质可见腹部皮下积有大量黄色或淡蓝色液体，胸部和腿部肌肉、胸壁有出血斑，心包积液（图 7-11）。白肌病可见腿肌、胸肌和心肌呈苍白色，有灰白色条纹（图 7-12）。种公鸭生殖器官退化。

图 7-11　心包积液

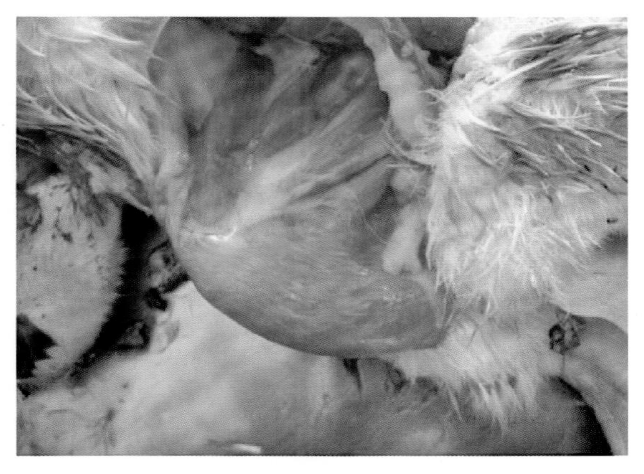

图 7–12　腿肌呈白色条纹状

【防治】饲料中增加维生素 E 的剂量，每吨饲料中添加 0.05 ~ 1.00 g 硒 / 维生素 E 粉或 0.20 ~ 0.25 g 亚硒酸钠。除提高硒和维生素 E 的含量外，还应增加含硫氨基酸的含量。在饮水中加入 0.005% 亚硒酸钠维生素 E 注射液，治疗效果较好。

（十）脂肪肝综合征

脂肪肝综合征是指鸭体内脂肪代谢障碍，大量脂肪沉积于肝脏，造成肝脏发生脂肪变性的一种疾病。

【病因】饲料单一，长期饲喂高能量低蛋白日粮，是本病发生的主要因素。育雏温度偏低，鸭舍潮湿，饮水不足、气温过高、应激因素、霉菌毒素以及长期使用抗生素也可以形成脂肪肝。饲料中钙不足导致产蛋鸭产蛋量下降，而采食量不变，摄入营养物质转变为脂肪贮存在肝脏导致脂肪肝的发生。

【症状】肥育期鸭和产蛋高峰期的鸭多发。死亡鸭体况较好，肥胖超重。蛋（种）鸭产蛋量显著下降，死淘率增加。

【病理变化】鸭皮下脂肪较厚，皮肤、肌肉色淡苍白，腹腔、肠系膜以及直肠周围积有大量脂肪。肝脏肿大，呈黄褐色脂肪变性，质脆，触之易碎，表面散在出血点和坏死灶，严重者破裂，腹腔内有大量凝血块或肝脏表面有一层出血膜（图 2–13）。

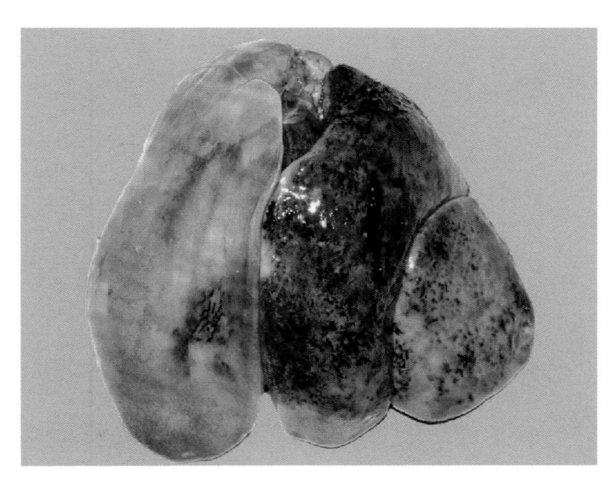

图 7–13　鸭肝脏肿大，呈土黄色，出血

【防治】合理配制日粮，增加蛋白质含量，降低碳水化合物成分。合理储存饲料，防止霉变。加强饲养管理，减少应激。治疗及时补充氯化胆碱和蛋氨酸等，每吨饲料中加入氯化胆碱500～1 000 g，可很快改善症状。

（十一）锰缺乏症

锰是正常骨骼形成的必需元素。锰是多种酶类的组成成分或激活剂，参与三大物质代谢，促进机体的生长发育和提高繁殖能力。锰缺乏症又称滑腱症或骨短粗症，腿部骨骼生长畸形、腓肠肌腱向关节一侧脱出是本病的特征。

【病因】该病的发生与环境、营养因素和饲养管理有关。缺锰地区生产的饲料原料锰含量较低，日粮中烟酸缺乏或钙、磷比例失调，可影响机体对锰的吸收利用，造成机体吸收利用的可溶性锰含量不足。

【症状】鸭生长发育受阻，跗关节变粗且宽，两腿弯曲呈扁平（图 7–14），胫骨下端与跖骨上端向外扭曲，腿垂直外翻，不能站立，行走困难（图 7–15）。种鸭产蛋量下降，蛋壳质量差，孵化率低，导致胚体发育异常，孵出的雏鸭骨骼发育受阻，瘫软，上下喙不成比例而呈鹦鹉嘴状，腹部膨大、突出。

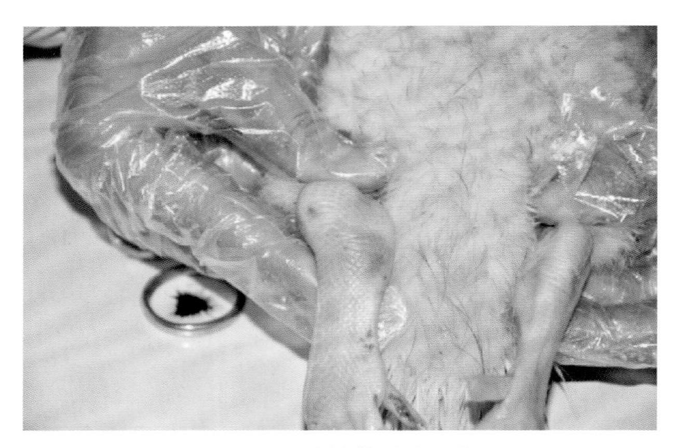

图 7–14　鸭关节肿大、变形

图 7–15　鸭脚掌内翻、瘫痪

【病理变化】跗跖骨关节处因长期着地而造成该处皮肤变厚、粗糙。皮下有一层白色的结缔组织，关节肿胀，关节腔内有脓性液体。胫跖骨腓肠肌腱移位甚至滑脱移向关节内侧（图 7–16、图 7–17）。

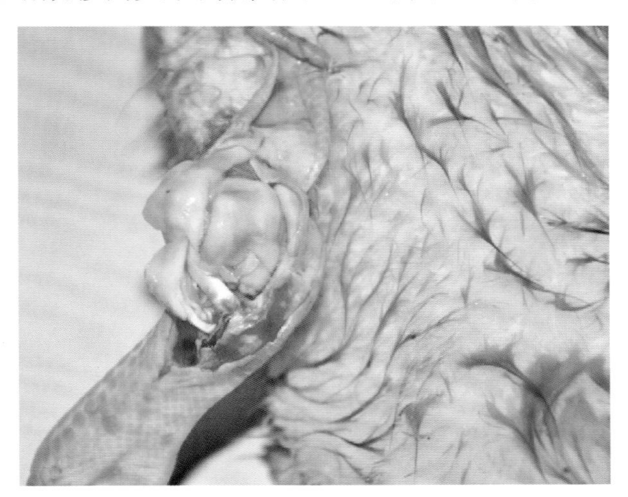

图 7–16　鸭关节肿大，肌腱脱落

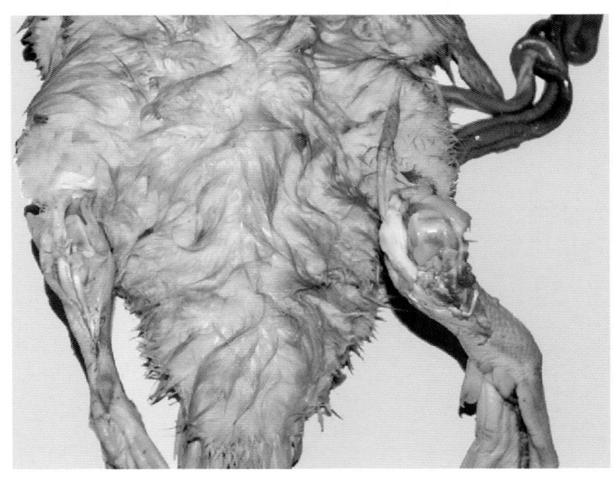

图 7–17　鸭右侧关节肿大，肌腱脱落

【防治】鸭对锰的需求量较大，预防该病最有效的方法是饲喂含有各种必需营养物质的饲料，特别是含锰、胆碱和 B 族维生素的饲料。要注意保证饲料中蛋白质和氨基酸的比例，保持合理的钙、磷比例。出现缺乏症病例时，应及时调整饲料配方，另用 1∶20 000 的高锰酸钾饮水，连用 2 d，间歇 2～3 d 后，再饮 2 d。病情严重的鸭应及时淘汰。

八、鸭中毒病

（一）鸭黄曲霉毒素中毒

鸭黄曲霉毒素中毒是由黄曲霉毒素引起的一种霉菌中毒病，表现为食欲减退、生长缓慢、共济失调、抽搐、角弓反张，病理变化以肝脏损伤为主。

【病因】鸭采食含黄曲霉毒素的饲料是发生本病的原因。黄曲霉毒素是由黄曲霉和寄生曲霉菌等真菌产生的次生代谢产物，对人和动物具有高毒性和高致癌性。已发现的多种黄曲霉毒素中，黄曲霉毒素 B_1 的毒性最强。从许多饲料原料中均可检测到黄曲霉毒素，但玉米、花生粕、棉籽粕和高粱最易污染黄曲霉毒素。在炎热、潮湿和不卫生的条件下存放饲料，也易导致饲料发霉并产生黄曲霉毒素。

【症状】中毒后的症状在很大程度上取决于鸭的年龄及摄入的毒素量。雏鸭对黄曲霉毒素最敏感，中毒多呈急性经过。症状包括食欲不振，生长缓慢（图8-1），叫声异常，啄羽，流泪，眼周围羽毛沾湿，排白色稀便（图8-2），死前共济失调、抽搐，死后呈角弓反张样（图8-3），腿和脚呈紫色或呈紫黑色，脚掌、脚趾和脚蹼有出血点（图8-4）。

图8-1　病鸭精神沉郁

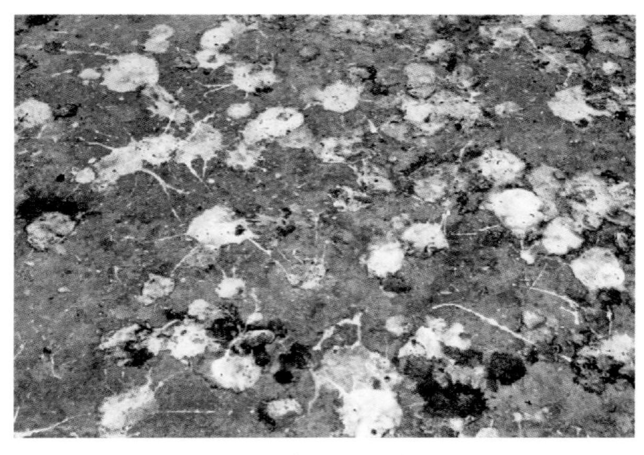

图8-2　病鸭排白色稀便

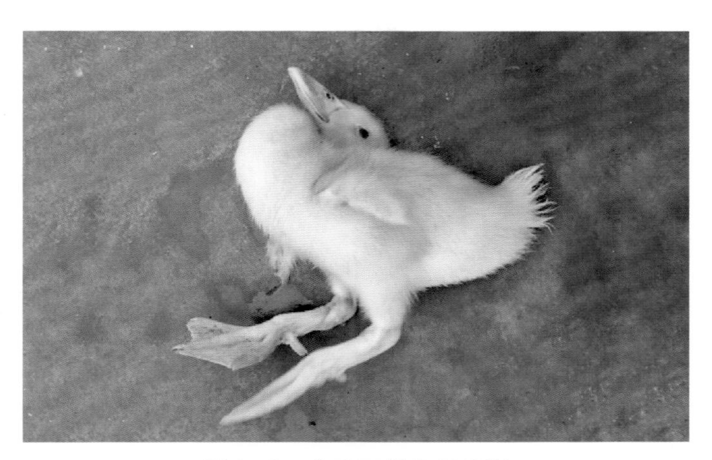

图 8-3　病鸭死前角弓反张

图 8-4　腿部和蹼皮肤呈紫黑色

成年鸭发病呈慢性经过，症状不明显，主要是食欲减少，消瘦，贫血，产蛋量下降，蛋小，孵化率降低。

【病理变化】急性病例肝脏肿大，韧性增加，整个肝脏出现网状结构，颜色变浅，呈淡黄色或呈苍白色（图 8-5）。胆囊肿胀，充盈胆汁。腺胃出血，肌胃角质膜糜烂，黑褐色（图 8-6、图 8-7）。本病易诱发鸭脾坏死病。慢性病例见有心包积水和腹水，肝脏萎缩、变硬、有结节。

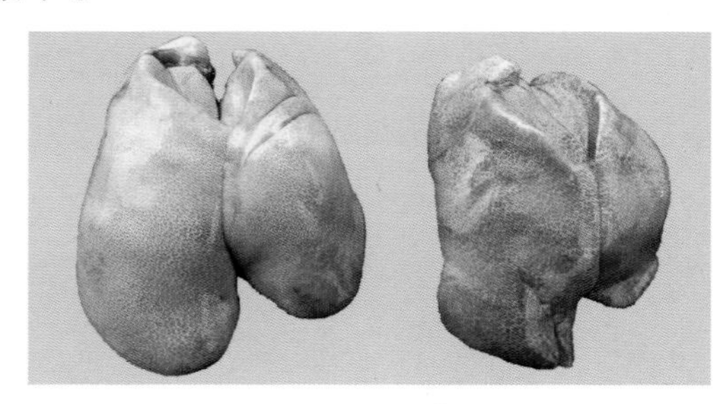
图 8-5　肝脏肿大，颜色变淡，呈网状结构

图 8-6　鸭腺胃出血，肌胃糜烂

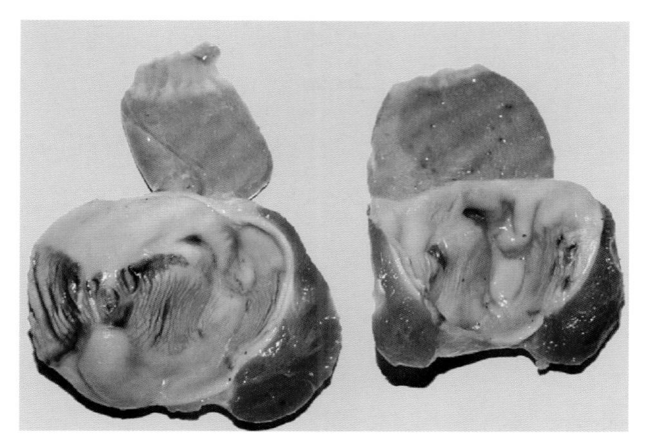

图 8-7　鸭肌胃角质膜糜烂

【诊断】通常结合发病情况、症状与病理变化进行诊断。若需要进行确诊，需对饲料黄曲霉毒素含量进行测定，亦可用 1 日龄雏鸭进行饲喂试验。

【预防】无有效治疗措施，应以预防为主。采购饲料原料时，需检测黄曲霉毒素，要考虑到鸭采食后黄曲霉毒素在体内的蓄积。存放饲料时，应保持环境干燥，切勿直接堆放于地上，以防饲料发霉，尤其在雨季更应注意防霉。一旦发病，应立即更换饲料。

（二）喹诺酮类药物中毒

喹诺酮类药物是一类高效、广谱、低毒的抗菌药

物，在治疗中已经成为感染性疾病的首先药物，对沙门菌病、大肠杆菌病、巴氏杆菌病、支原体感染、葡萄球菌病等均具有很好的疗效。目前常用的有环丙沙星、恩诺沙星等。喹诺酮类药物用量过大会导致中毒，中毒表现的神经症状及骨骼发育障碍与氟有关。

【症状】精神沉郁，羽毛松乱，缩颈，眼睛半开半闭，呈昏睡状态，采食及饮水均下降，病禽不愿走动，常常卧地，喙、爪、肋骨柔软，易弯曲，排石灰渣样稀粪，有时略带绿色。

【病理变化】肌胃角质层、腺胃与肌胃交界处出血溃疡，腺胃内有黏性液体；肠黏膜脱落、出血；肝瘀血、肿胀、出血；肾脏肿胀，呈暗红色，并有出血斑点；脑组织充血、水肿。

【治疗】发现中毒，应立即停用含喹诺酮类药物的饲料或饮水。中毒鸭用电解多维和5%葡萄糖溶液饮水，也可经口滴服。

（三）氟中毒

氟是家禽生长发育必需的一种微量元素，参与机体的正常代谢。适量的氟可促进骨骼的钙化，但食入过量会引起一系列毒副作用，主要表现为关节肿大，腿畸形，运动障碍，种禽产蛋率、受精率和孵化率下降等。

【病因】若自然环境中的水、土壤中氟含量过高，会引起人、畜、禽的蓄积中毒。磷酸氢钙是目前饲料生产中用量最大的磷补充剂之一。大多数磷矿石中含有较高水平的氟，用这些磷矿石生产的饲料磷酸钙盐添加剂若不经脱氟处理，则含氟量会很高，添加到配合饲料中将对家禽产生较大危害。

【症状】发病率和死亡率与饲料含氟量、饲喂时间以及家禽日龄密切相关。急性中毒病例一般较少见，若一次摄入大量氟化物，可立即与胃酸作用产生氢氟酸，强烈刺激胃肠，引发胃肠炎。氟被胃肠吸收后迅速与血浆中钙离子结合形成氟化钙，导致出现低血钙症，表现呼吸困难、肌肉震颤、抽搐、虚脱、血凝障碍，一般几小时内即可死亡。

生产上一般多见慢性氟中毒病例，行走时双脚叉开，呈八字脚。跗关节肿大，严重的可出现跛行或瘫痪，腹泻（图 8–8），蹼干燥，最后倒地不起，衰竭死亡。产蛋鸭会出现产蛋率下降，沙壳蛋、畸形蛋、破壳蛋增多。

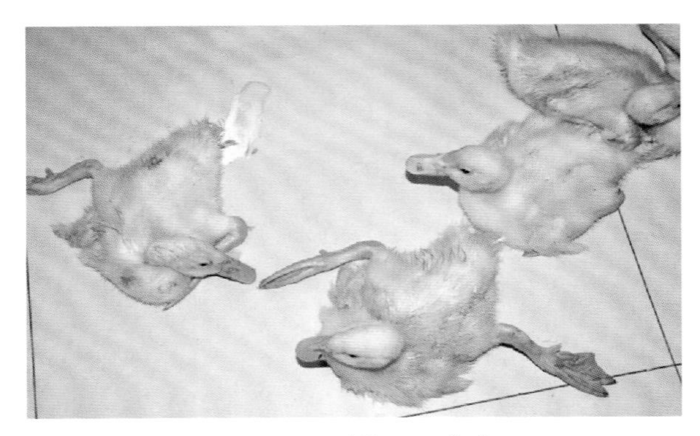

图 8–8　鸭腹泻、瘫痪

【病理变化】急性氟中毒病例，主要表现急性胃肠炎，严重的出现出血性胃肠炎，胃肠黏膜潮红、肿胀、并有斑点状出血；心、肝、肾等脏器瘀血、出血。慢性氟中毒病例表现幼鸭消瘦，长骨和肋骨较柔软（图 8–9），喙质软（图 8–10）。有的鸭出现心、肝、脂肪变性，肾脏肿胀，输尿管有尿酸盐沉积。

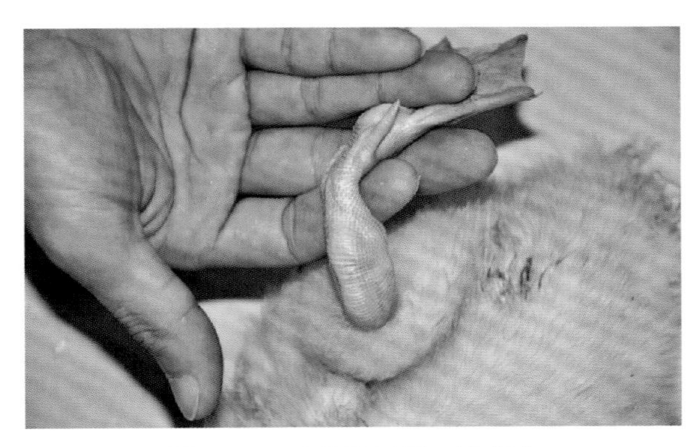

图 8–9　鸭骨骼柔软，易弯曲

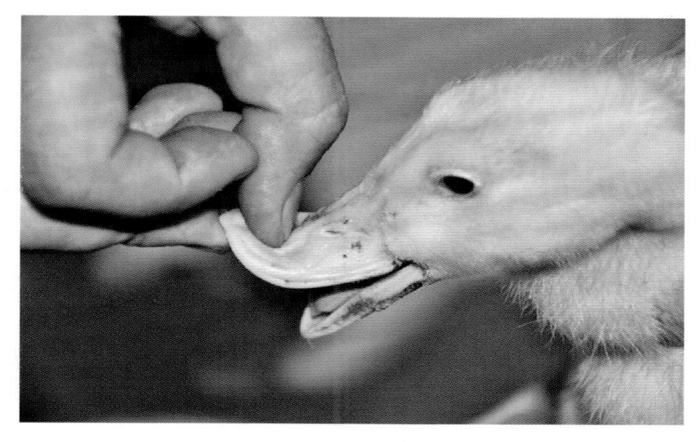

图 8–10　鸭喙柔软

【诊断】对磷酸氢钙的来源、质量进行调查，检查饲料氟含量是否超标。结合症状、剖检变化诊断。

【预防】保证饲料原料的质量，使用含氟量符合标准的磷酸氢钙。在饲料中添加植酸酶，植酸酶可提高植酸磷的利用率；通过减少无机磷的使用量，降低饲料中氟含量。

【治疗】发现中毒，立即停用含氟高的饲料。在饲料中添加硫酸铝 800 mg/kg，或添加鱼肝油和多种维生素，或 1%～2% 的骨粉和乳酸钙，可减轻症状。

（四）一氧化碳中毒

一氧化碳中毒又称煤气中毒，冬春季节多发。家禽吸入了一氧化碳气体，引起机体缺氧而导致中毒。

【病因】冬季或早春季节，鸭舍和育雏室烧煤取暖时，烟囱堵塞倒烟、门窗紧闭、通风不良等，导致一氧化碳不能及时排出。一般当空气中含有0.1%~0.2%的一氧化碳时，就会引起中毒；当含量超过3%时，可导致家禽窒息死亡。

一氧化碳是无色、无味、无刺激性气体，吸入后通过肺换气进入血液，与红细胞中的血红蛋白结合后不易分离，大大降低了红细胞运送氧气的功能，造成全身组织缺氧。

【症状】轻度中毒病例表现精神沉郁，反应迟钝，羽毛松乱，食欲减退，流泪，咳嗽，生长缓慢。严重病例表现烦躁不安，呼吸困难，运动失调，站立不稳，昏迷，继而侧卧并出现角弓反张，最后痉挛、抽搐死亡。

【病理变化】剖检可见血液呈鲜红色或樱桃红色（图8-11），肺脏呈鲜红色（图8-12），肝脏呈红黄色（图8-13）。

【诊断】根据发病鸭症状和剖检变化即可诊断。

【预防】烧煤取暖时，应经常检查并及时解决烟囱漏烟、堵塞、倒烟、无烟囱等问题，舍内要设有通风孔或安装有换气扇，保持室内通风良好。

图 8-11　鸭内脏器官呈鲜红色

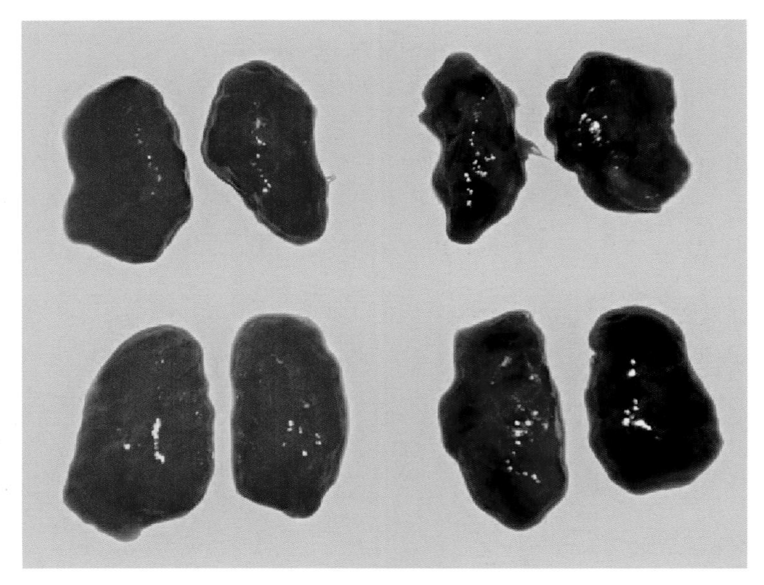

图 8-12　鸭肺脏呈鲜红色

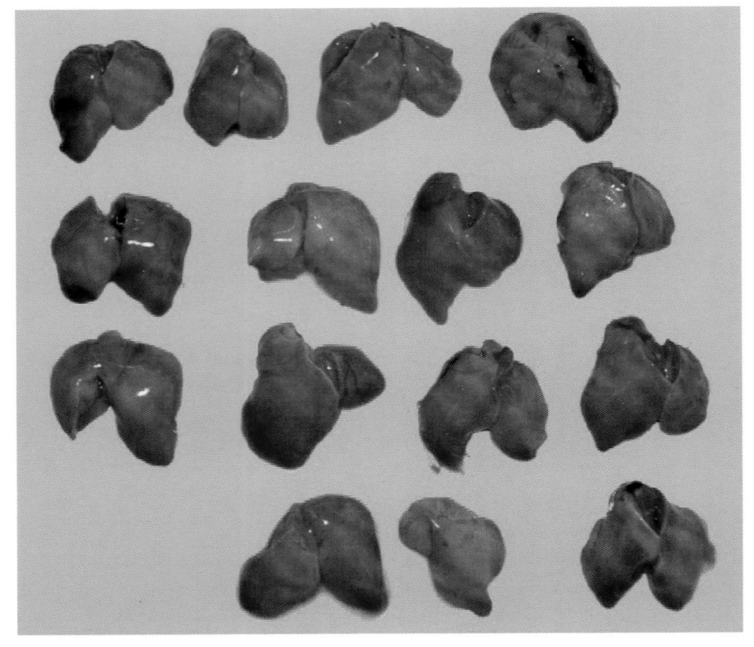

图 8-13　鸭肝脏呈红黄色

【治疗】发现中毒后，应立即打开门窗，或利用通风设备进行通风换气，将中毒鸭转移到空气新鲜的地方。轻度中毒病例可以自行逐渐恢复，中毒较严重的病例可皮下注射葡萄糖盐水有一定疗效。

九、其他杂症

（一）中　暑

中暑又称热应激，是鸭在高温环境下，由于体温调节及生理机能紊乱而发生的一系列异常反应，生产性能下降，严重者导致热休克或死亡。

【病因】夏季气温过高，阳光的照射产生了大量的辐射热，热量大量进入鸭舍导致舍温升高；饲养密度过大，导致鸭舍通风不良，拥挤，饮水供应不足等；鸭舍通风不良，停电，风扇损坏，空气湿度过高等均会导致舍内温度升高，引起中暑。

【症状】病初呼吸急促，张口喘气，翅膀张开下垂，体温升高。食欲下降，饮水增加，严重者不饮水。产蛋鸭产蛋量下降，薄壳蛋、软壳蛋增加。如不能及时采取降温措施，家禽持续性喘息，食欲废绝，饮欲亢进，最后虚脱死亡。

【病理变化】血液凝固不良，肺脏瘀血、水肿（图9-1），胸膜、心包膜、肠黏膜有瘀血，脑膜有出血点，脑组织水肿，心冠脂肪出血（图9-2）。

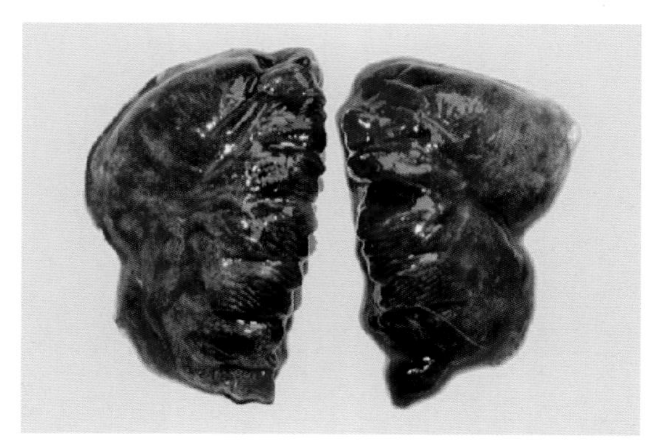

图 9-1　肺脏瘀血水肿

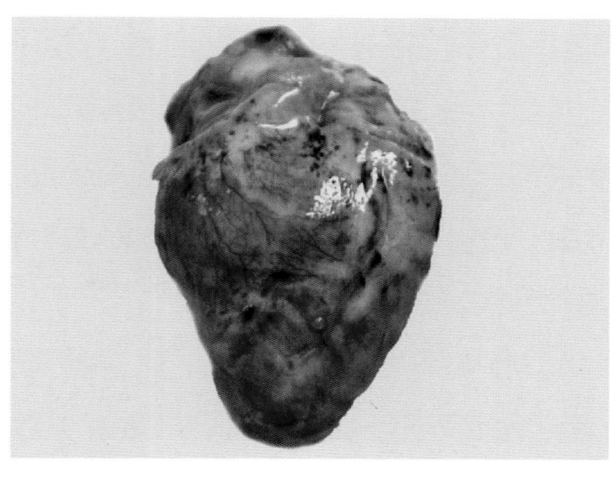

图 9-2　心冠脂肪出血

【诊断】根据发病季节、症状及剖检病变可做出诊断。

【预防】夏季鸭舍要使用水帘降温，也可以采用喷雾降温。炎热的夏季，可降低饲养密度，改变饲喂时间，改白天饲喂为早晚饲喂。适当增加维生素的供应，并供给足够的饮水。日粮中可添加维生素 C，每千克饲料加入 200 ~ 400 mg；也可在饲料中添加氯化钾，每千克饲料可加入 3 ~ 5 g 或每升水加入 1.5 ~ 3.0 g，可缓解热应激。

【治疗】一旦发现有中暑的鸭，应立即进行急救。将鸭转移至通风阴凉处，用冷水喷雾或浸湿体表，促进病鸭的恢复。

（二）鸭啄癖

鸭啄癖又称为鸭恶癖，主要包括啄羽癖和啄肛癖，是集约化养殖模式下鸭的异常行为。啄癖可造成鸭及其羽毛损伤，甚至引起死亡。

【病因】啄羽可能与营养缺乏、饲养密度过大、光照强度不合适有关，也可能与遗传因素有关。有研究者认为，鸭啄羽仅发生于特定阶段（小鸭长成熟羽毛时或种鸭换羽时）和特定季节（春季气候转暖和秋季气候变冷），因此，导致鸭啄羽的真正原因还有待探讨。

啄肛是另一种形式的啄癖，指啄食泄殖腔，多发生于产蛋期，特别是产蛋后期的母鸭，因腹部韧带和肛门括约肌松弛，产蛋后不能及时收缩回去而留露在外，造成啄肛。或因蛋形过大，产蛋时肛门破裂出血，导致追啄。有的公鸭体型过大、笨拙，不能与母鸭交配，则追啄母鸭，啄其泄殖腔。

【症状】啄羽包括自啄和啄其他鸭子，通常啄翅部，导致翅部流血。鸭对其他鸭外貌的细微变化非常好奇，如果鸭群中有的鸭羽毛沾有血迹，会吸引周围的鸭子啄食。啄羽会伤及羽毛和皮肤，被啄处羽毛稀疏残缺，皮肤裸露，留有伤痕（图 9–3）。啄肛导致泄

图 9–3　鸭啄羽

殖腔受伤，或啄破肛门括约肌，严重时有的公鸭将喙伸入母鸭泄殖腔，啄破黏膜，甚至将肠道或子宫啄出，造成死亡。

【预防】在舍内铺设稻草，降低舍内光照强度可减少啄羽。若在舍外设运动场、提供开放水域，以满足鸭觅食、梳理羽毛等本能需求，则可大幅度减少啄羽比例。有研究者认为，啄肛与饲养环境（如地面杂物的类型和饲养密度）之间存在相关性，因此，增加环境富集材料、降低饲养密度有助于减少啄肛癖的发生。

（三）卵黄性腹膜炎

卵黄性腹膜炎是由于卵巢排出的卵黄落入腹腔而导致发生的腹膜炎，表现为蛋鸭产蛋突然停止。

【病因】多种原因可引起卵黄性腹膜炎，如蛋鸭突然受到惊吓等应激因素的刺激；饲料中维生素A、D、E不足及钙、磷缺乏，蛋白质过多，代谢发生障碍，导致卵黄落入腹腔中；蛋鸭产蛋困难，导致输卵管破裂，卵黄从输卵管裂口掉入腹腔；大肠杆菌病、沙门菌病、禽流感等疾病发生后，会发生卵泡变形、破裂，使卵黄直接落入腹腔中，而发生卵黄性腹膜炎。

【症状】病鸭表现为不产蛋，随后出现精神沉郁，食欲下降，行为迟缓，腹部逐渐膨大而下垂。触诊腹部，有疼痛感，有时出现波动感。有的病例出现贫血、腹泻，呈渐进性消瘦，最后衰竭死亡。

【病理变化】腹腔中有大量凝固或半凝固的卵黄和纤维素性渗出物（图 9-4），有时还会出现腹水。

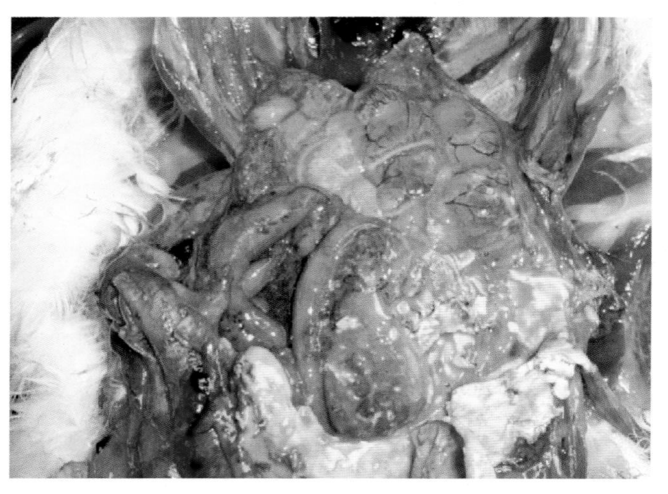

图 9-4　鸭卵黄性腹膜炎

【预防】保证日粮中各种营养成分的合理和平衡，供给适量的维生素、钙、磷及蛋白质。防止家禽受到惊吓等应激性刺激。做好沙门菌病、大肠杆菌病的防治。

（四）阴茎脱垂

阴茎脱出俗称“掉鞭”，是公鸭常见的生殖器官疾病，主要是因为公鸭在交配后，阴茎不能缩回，常出现红肿、结痂等症状。严重者会失去种用性能而不能继续留作种用，给养鸭场造成一定的经济损失。

【病因】公鸭配种时，阴茎被其他公鸭啄伤或交配时被粪便、泥沙等污染，导致阴茎不能回缩。天气寒冷时交配，阴茎因伸出时间较长导致冻伤。性早熟导致阴茎脱出。公母鸭比例不合理，公鸭过多或过少，长期滥配导致脱出。

【症状】病鸭主要表现精神沉郁，食欲下降，行动迟缓。阴茎充血、肿胀，表面可见到溃疡、坏死，有时形成黑色结痂。有时形成大小不一的黄色脓性或干酪样结节（图 9–5）。

图 9–5　鸭阴茎脱出

【诊断】根据病鸭表现的症状及病理变化，并结合鸭群的饲养情况可诊断。

【预防】加强饲养管理，饲料配比合理，使公鸭有良好的体况。鸭群中公母鸭的比例适当，提早对公鸭补充精料。对青年种公鸭实施合理的饲喂制度，防止公鸭性早熟。加强卫生消毒工作。淘汰有啄癖的鸭。

【治疗】将病鸭及时隔离治疗，阴茎用0.1%高锰酸钾冲洗，涂磺胺软膏或红霉素软膏。症状严重时，用抗生素或磺胺类药物进行消炎治疗。

（五）光过敏症

鸭光过敏症是鸭子摄入了光过敏物质的饲料、野草、种子、某些药物或某些霉菌毒素等，经阳光照射一段时间后发生的一种疾病。主要特征是身体上无毛部位受到阳光照射后发红，出现水泡，之后结痂，最终出现上喙变形、脚趾上翻等症状。发病率可达80%以上，严重者高达90%。

【病因】家禽食入含有光过敏性物质，如某些植物的种子或软骨草籽后，在阳光连续的照射后就会发病；某些霉菌毒素、药物也会引起光过敏症。

【症状】一般在5～10月阳光充足的季节常发。主要表现精神沉郁，食欲减退，体重减轻。特征性症状为病禽上喙和蹼的外形、色泽都有不同程度的变形、变色，出现水疱，水疱破裂后出现溃疡结痂（9–6），结痂脱落后留下明显的疤痕，上喙逐渐变形，边缘蜷缩。

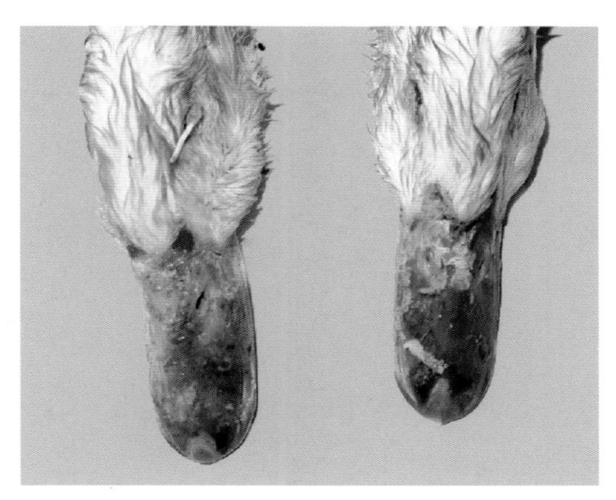

图9–6　喙出现溃疡

【病理变化】病鸭上喙甲背面、蹼表面皮下有暗红色斑点状炎症，上喙甲变形严重，皮下血管断端有出血斑和胶冻样渗出物浸润。舌尖坏死，十二指肠卡他性炎，肝脏有大小不一的坏死点等。

【治疗】尚无特效药物，可采用对症治疗，以减轻症状。一旦发病，立即停喂可能含有光过敏性物质的饲料或药物，减少阳光的照射。在伤口和溃疡面可采用龙胆紫药水涂擦，再涂以碘甘油；若出现结膜炎，可用利福平眼药水进行冲洗。

（六）肌胃糜烂症

肌胃糜烂症又称肌胃角质层炎，是由于饲喂过量或劣质的鱼粉而引起的一种消化道疾病。主要特征是肌胃出现糜烂、溃疡，甚至穿孔。

【病因】发病的主要原因是饲料中添加的鱼粉量过大或质量低劣。鱼粉在加工、储存过程中，会产生或污染一些有害物质，如组胺、溃疡素、细菌、霉菌毒素等。这些有害成分能使胃酸分泌亢进，引起肌胃糜烂和溃疡。

【症状】病鸭主要表现精神沉郁，食欲下降，闭眼缩颈，羽毛松乱，嗜睡。倒提病鸭口中流出黑褐色如酱油样液体，腹泻，排褐色或棕色软便。病情严重者迅速死亡，病程较长者出现渐进性消瘦，最后衰竭死亡。

【病理变化】腺胃、肌胃中有黑色内容物（图 9–7）；腺胃松弛，用刀刮时流出褐色黏液；肌胃角质层呈黑色，角质膜糜烂（图 9–8）；腺胃与肌胃交界处角质膜糜烂，严重者腺胃、肌胃出现穿孔（图 9–9），流出暗黑色黏稠的液体。肠黏膜出血，肠道中充满黑色内容物（图 9–10）。

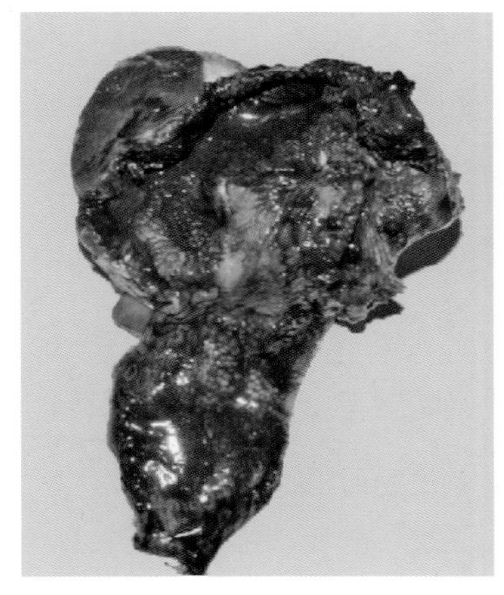

图 9–7 鸭肌胃、腺胃中有黑色内容物

图 9–8 鸭肌胃角质膜糜烂

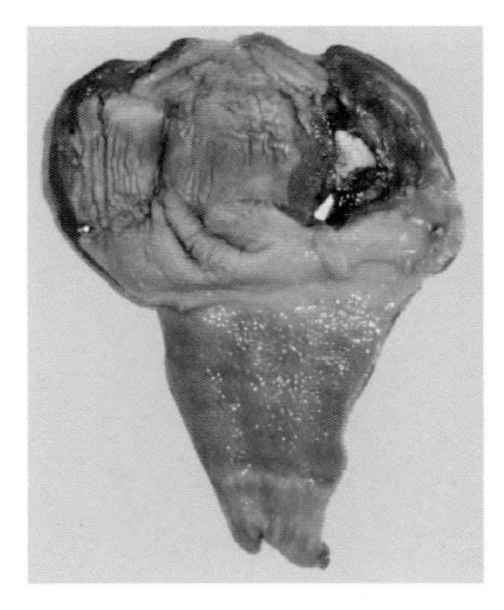

图 9–9 鸭肌胃穿孔

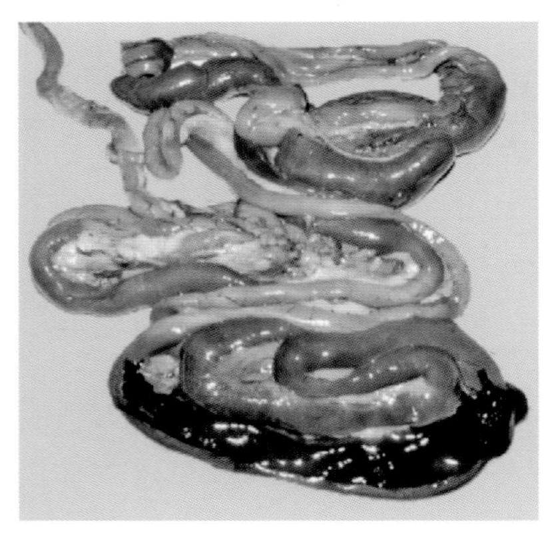

图 9–10 鸭肠道中充满黑色内容物

【诊断】根据发病特点、症状及剖检变化，同时结合饲料分析、鱼粉的含量、来源等检测的结果，进行综合判断。

【预防】在饲养中添加优质鱼粉，严格控制日粮中鱼粉的含量，严禁使用劣质鱼粉。在饲养管理中应密切观察鸭的生长情况。避免受密度过大、空气污染、饥饿、摄入发霉的饲料等不良因素的刺激。

【治疗】立即停喂含有劣质鱼粉的饲料，更换优质鱼粉。可在饮水中添加0.2%碳酸氢钠，连用3 d；饲养中可以添加维生素K和环丙沙星，效果良好。

十、鸭场实验室诊断技术

（一）细菌培养与鉴定

1. 大肠杆菌

（1）材料与试剂：恒温培养箱、冰箱、显微镜、载玻片、灭菌试管、超净台、酒精灯、打火机、接种环；月桂基硫酸盐胰蛋白胨（LST）肉汤、EC 肉汤、胆硫乳琼脂、营养琼脂、伊红亚甲蓝（EMB）琼脂、革兰染色液、肠杆菌科生化鉴定管。

（2）具体操作步骤：

①取样。取病死动物的心脏、肺脏、肝脏、脾脏、肾脏等病料，先将病料表面用高温手术刀片表面灭菌，再用无菌接种环在灼烧处蘸取，分别划线于胆硫乳平板和营养琼脂平板。胆硫乳平板上有桃红色菌落怀疑有

大肠杆菌（图 10–1），挑取该菌落进一步做大肠杆菌鉴定实验。

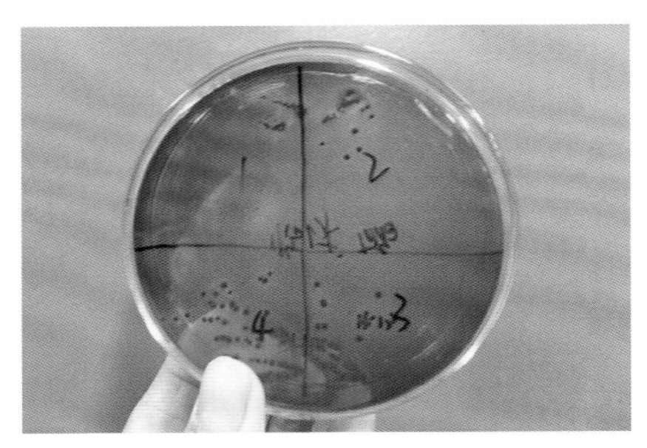

图 10–1　胆硫乳平板菌落

②初发酵实验。将疑似大肠杆菌菌落接种于月桂基硫酸盐胰蛋白胨（LST）肉汤中，37℃培养 24 h，观察小导管中是否有气泡产生，产气者进行复发酵实验，不产气者继续培养 48 h，如果不产气则判断不是大肠杆菌（图 10–2）。

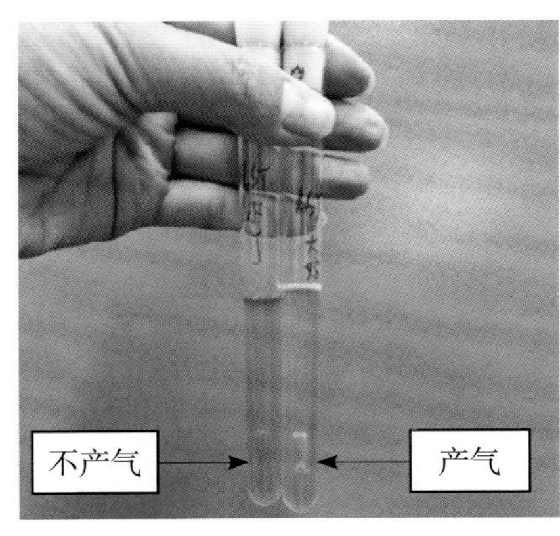

图 10–2　产气实验结果

③复发酵实验。用接种环从产气的 LST 肉汤管中取 1 环培养物，接种于已提前预温至 45℃ 的 EC 肉汤管中，放入带盖的 44.5℃ 的水浴箱中，水浴的水面应高于肉汤培养基液面，培养 24 h，检查小导管内是否有气泡产生，如产气则进行 EMB 平板分离培养，不产气者继续培养 48 h，如果不产气则不是大肠杆菌。

④伊红亚甲蓝平板分离培养。轻轻振摇产气管，用接种环取培养物划线接种于 EMB 平板上，36℃ 培养 18～24 h。观察平板上有无中心黑色、周边有光泽的典型菌落（图 10-3）。

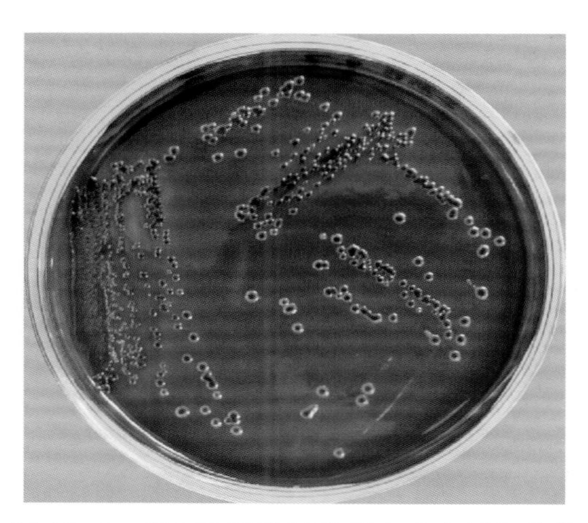

图 10-3　伊红亚甲蓝培养基上中心黑色菌落

⑤形态学鉴定。挑取黑色典型单菌落进行革兰染色并镜检。

⑥生化鉴定。挑取黑色单菌落于肉汤培养基进行纯化培养，将培养物分别接种于各种微量生化发酵管中进行细菌生化试验。

⑦结果判定。显微镜下大肠杆菌为两端钝圆粗短的小杆菌，革兰染色阴性，多数单个散在，个别成双排列（图10-4），无芽孢。本菌能产酸产气，可迅速发酵乳糖，不分解蔗糖，不产生硫化氢，不分解尿素。

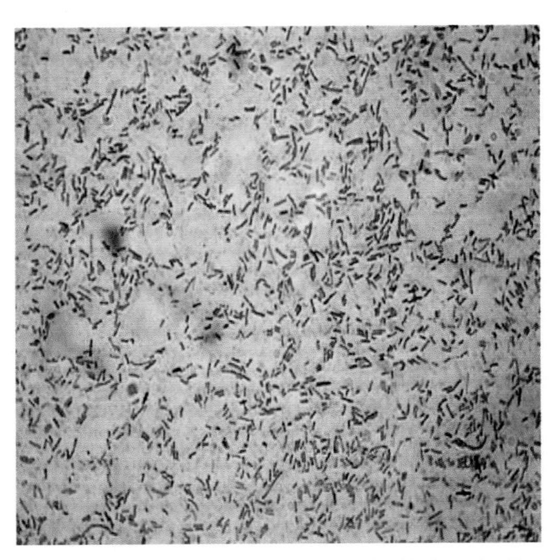

图10-4　100×10倍油镜下杆状大肠杆菌

2. 沙门菌

（1）细菌分离鉴定：无菌采集雏鸭的卵黄囊内容物或病鸭的心、肝、脾、肾等。接种于胆硫乳琼脂或SS

琼脂培养基上，置于培养箱 37℃培养 18 ~ 24 h 后观察细菌的生长，在胆硫乳培养基上出现黑色菌落，SS 琼脂培养基上出现红紫色菌落（图 10-5），可证明有沙门菌生长。挑取黑色或红紫色典型单菌落进行革兰染色并镜检，进一步形态学鉴定。生化鉴定：挑取典型单菌落于肉汤培养基进行纯化培养，将培养物分别接种于各种微量生化发酵管中进行细菌生化试验。

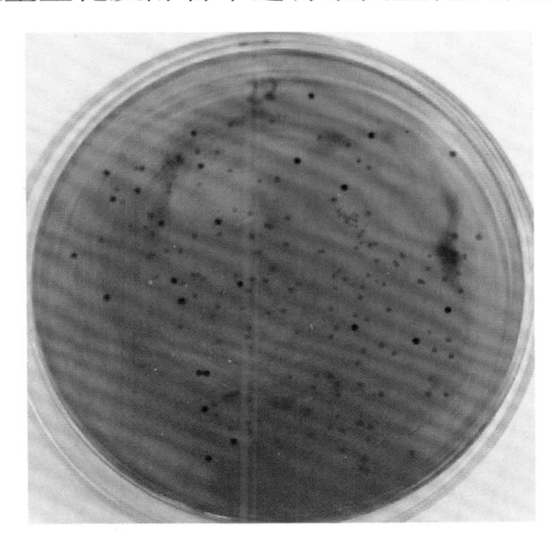

图 10-5　胆硫乳琼脂培养基上黑色菌落为沙门菌

（2）结果判定：显微镜下可观察到很多直杆状革兰阴性杆菌（图 10-6），形态和染色特性与大肠杆菌相似。本菌可分解发酵甘露醇和葡萄糖，会产酸产气，产生硫化氢，不产吲哚，不分解乳糖、蔗糖、尿素，甲基红试验阳性，VP 试验阴性。

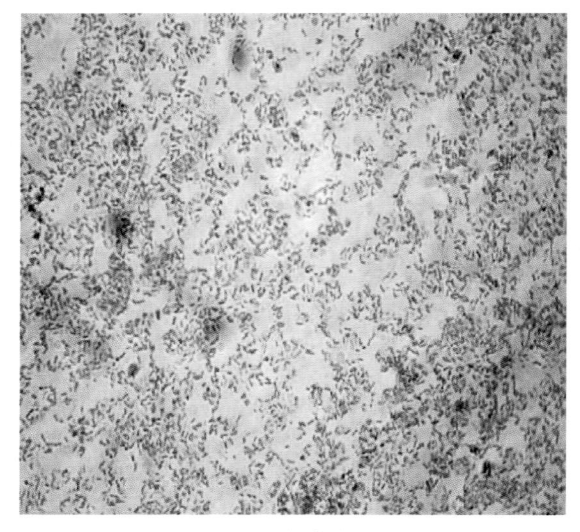

图 10–6　100 × 10 倍油镜下直杆状沙门菌

3. 鸭疫里默杆菌

（1）材料与试剂：厌氧恒温培养箱、冰箱、显微镜、载玻片、灭菌试管、超净台、酒精灯、打火机、接种环；血液琼脂平板、巧克力琼脂平板、血清肉汤培养基、营养琼脂培养基、麦康凯培养基、其他生化反应试剂。

（2）具体操作步骤：

①取样。无菌采集急性病例或刚死亡不久病鸭的脑或心血作为病料。

②镜检。病料直接涂片，革兰或瑞氏染色，镜检观察是否具有鸭疫里默杆菌的特性。鸭疫里默杆菌是

革兰阴性菌，染色后呈红色卵圆形小杆菌，菌体单个散在，大小比较一致。

③分离培养。将病料接种于以下培养基中，37℃温箱厌氧培养48 h，鸭疫里默杆菌在以下培养基上的生长情况及菌落形态见表10–1。

表10–1　鸭疫里默杆菌不同培养基的生长情况

培养基名称	生长情况及菌落形态
血液琼脂平板	生长良好，在血平板上菌落不溶血（图10–7）
巧克力琼脂平板	生长良好，菌落圆形、表面光滑、透明、稍有凸起、呈奶油状菌落，直径1～5 mm
血清肉汤培养基	生长良好，在含血清肉汤培养基内呈一致轻微混浊，管底有少量灰色沉淀物
普通琼脂培养基和麦康凯琼脂培养基	不生长

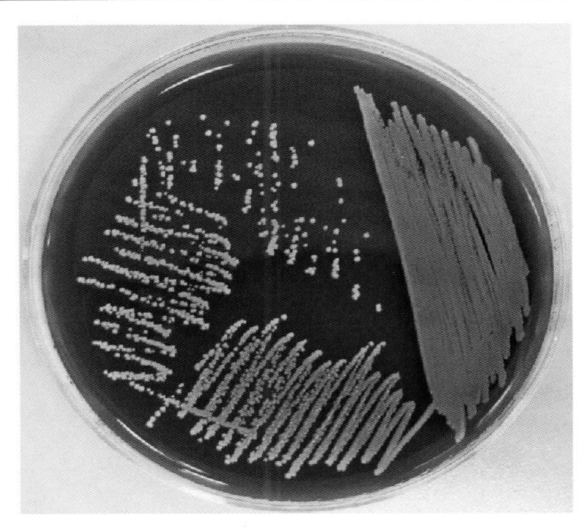

图10–7　鸭疫里默杆菌在血平板上生长形态

④生化鉴定。甲基红试验、靛基质试验、硝酸盐还原试验、尿素酶试验均为阴性，液化明胶试验、过氧化氢酶试验阳性。

⑤动物感染试验。取分离培养物，经肌肉、静脉或腹腔注射鸭、鸡等易感动物，隔离观察看有无典型病变。

⑥分子生物学试验。鸭疫里默杆菌 PCR 检测方法见“PCR 检测方法”，只需引物换成鸭疫里默杆菌检测引物，其余方法均相同。鸭疫里默杆菌检测引物：上游引物 5’ TTACCGACTGATTGCCTTCTAG-3’；下游引物 5‘-AGAGGAAGACCGAGGACATC-3’，扩增片段长度 546 bp。

（二）平板菌落计数检测

适用于环境、设备表面、饮用水等样品的平板计数检测项目的实验操作与结果统计。

1. 材料与试剂

恒温培养箱、吸头（100 μl）、微量移液器、培养皿、试管架、75% 酒精棉球；培养基和试剂：平板计数琼脂（或者麦康凯琼脂、胆硫乳琼脂等）、0.85% 生理盐水。

2. 操作步骤

（1）将采集到的样品逐一编号、登记，不能及时检测的放置于 4℃ 冰箱保存不得超过 3 h。

（2）超净工作台用紫外灯照射 30 min 后方可使用。

（3）操作时先用 75% 酒精棉球擦拭双手。

（4）在酒精灯无菌范围内，每个样品液混匀（水样涡旋或摇匀、棉拭子洗脱后涡旋混匀）后用酒精灯灼烧试管口，用灭菌微量移液器吸取 100 μl 注于灭菌培养皿内，做好标识。每个样更换一次吸头，避免交叉污染。同时做空白对照。

（5）对于污染严重的样品，做好稀释后再移入平皿。

（6）移液完毕后将 45 ~ 50℃ 的平板计数琼脂倾注于灭菌培养皿内，每皿 10 ~ 13 ml（75 mm 平皿）或 18 ~ 20 ml（90 mm 平皿），在水平面上，顺时针、逆时针各轻轻旋转培养皿 3 圈混匀，避免培养基溅于皿盖上。每个样品从开始做到结束，时间不得超过 20 min。

（7）待培养基完全凝固后，翻转平皿，置于（36 ± 1）℃ 培养箱内，培养 18 ~ 24 h 后，计数每个平板上的菌落数。

3. 结果判定

将计数的菌落个数乘以相应的稀释倍数。固体以 g 为单位，液体以 ml 为单位，表面涂抹液以 cm^2 为单位。

4. 注意事项

（1）若平板上出现链状菌落且菌落之间没有明显界限，每一条链作为一个菌落计数，不能把链上生长的各个菌落分开来数。

（2）若平板上菌落密布，可先选取平板的 1/4 或 1/8 计数，再乘以相应的倍数。可根据样品的污染程度，做相应的稀释再检测。

（3）菌落总数测定采用平板计数琼脂，大肠菌群计数采用麦康凯琼脂或者胆硫乳琼脂。

（三）细菌药敏实验

适用于实验室分离菌及常见菌的（肠杆菌科、葡萄球菌等）敏感药物的筛选实验。

1. 药敏纸片法

（1）材料和试剂：无菌器械（剪刀、手术刀、眼科镊、试管、试管架、平皿、磨口瓶)、消毒剂、酒精灯、接种环、打火机、75% 酒精棉球、2 ml 或 5 ml 一次性注射器、超净工作台、恒温培养箱、带刻度直尺；营养琼脂培养基、M–H 琼脂培养基或特殊培养基；0.5 标准麦氏比浊管；药敏纸片(购买或自制)。

(2)采样方法：将病、死禽放在盛有消毒液的瓷盆中浸泡 5 min，以去除禽体表面杂菌。让其仰卧，然后用无菌剪刀剥离皮肤，打开体腔后，注意不能损坏肠道。用无菌手术刀灼烧后烧烙需采集脏器表面，并在烧烙部位刺一孔，用无菌接种环伸入孔内，取少量组织或液体。

(3)细菌分离培养：在无菌操作条件下，将待测病料(含有典型症状部分)用平板划线分离法接种于普通营养琼脂培养基或特殊培养基上(血琼脂、SS 琼脂、麦康凯琼脂)，恒温培养箱中培养 18 ~ 24 h 后备用。

(4)药敏实验操作步骤：

①制作待检菌液。挑选培养 16 ~ 24 h 培养基平板上的单一菌落，悬于含 2 ml 无菌生理盐水的试管中。混匀后与比浊管比浊，调整浊度至 0.5 麦氏标准 [相当于(1 ~ 2) × 10^8 cfu/ml]。

②接种细菌。在 15 min 内用无菌棉拭子蘸取菌液，

在管壁上挤压去掉多余菌液，均匀涂抹整个平板表面，最后沿平板内缘涂抹一周。

③贴药敏纸片。用镊子将药敏纸片平放在相应培养基平板上，并轻压使紧贴于平板表面，药敏纸片一旦接触培养基表面不要再移动。在培养基中央贴一片，外周以等距离贴若干种纸片，一个平板（直径 90 mm）可贴 6 ~ 7 个抗菌药纸片，标记每种药物名称，贴好纸片的平板于 37℃ 培养 16 ~ 18 h 观察结果。

④结果判定。经培养后，凡对涂布的细菌有抑制能力的抗菌药物，在纸片四周出现一个无菌生长的圆圈，称为抑菌圈。可用直尺测量抑菌圈的大小，抑菌圈越大，说明该菌对此药敏感性越大，反之越小（图 10–8）。若无抑菌圈，则说明该菌对此药具有耐药性。

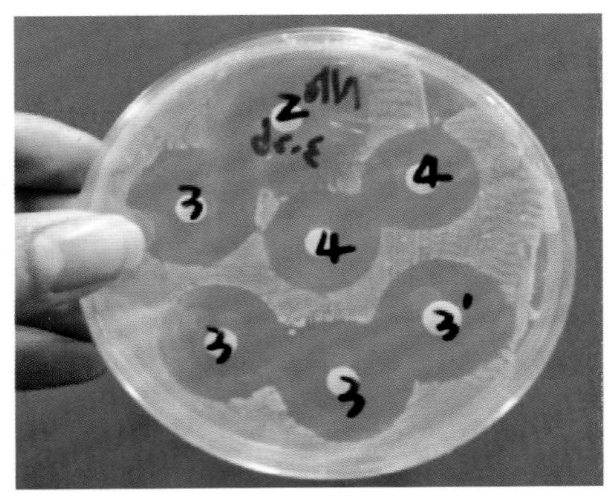

图 10–8　抑菌圈

（5）判定标准：不同菌株结果判定标准不同，不同药物判定标准不同，最终判定结果应以 WS/T 125-1999 列表中对应的标准为准。也可依据以下标准（表 10-2）进行判定。

表 10-2　　药敏实验判定标准

抑菌直径（mm）	敏感度
>20	极敏
15～20	高敏
10～14	中敏
<10	低敏
0	不敏

（6）注意事项：

①要求待检病料新鲜、无污染。

②整个实验操作过程注意无菌操作。

③培养基厚度：要求 4 mm、直径 9 cm 的平板约 25 ml/ 平板；菌液一定要比浊；尽量保证选用同一品牌、大小相同的棉拭子涂布细菌；商品化或自制药敏纸片的厚度必须是新华 1 号滤纸。

④药敏片保存：干燥、冷藏或冷冻（长期保存）；药敏纸片从冰箱拿出要与室温平衡 20 min后开盖使用，以免潮湿失效。

2. 微量肉汤稀释法

（1）菌液培养：取待测菌保存液 10 μl 加入 1 ml MH 肉汤，置 37℃温箱过夜静止培养 12 h 左右。

（2）OD 600 值测定：利用紫外分光光度仪测定 OD 值，MH 肉汤调整菌液浓度使 OD 600 值落在 0.08～0.1 之间，此时菌液浓度约 108 cfu/ml。

（3）上样菌液稀释：将待测菌液在步骤 2 所得稀释倍数的基础上再稀释 1 000 倍，此时菌液浓度约 105 cfu/ml（即 7 000～10 000 倍），此时的菌液即为上样菌悬液。

（4）抗菌药物的制备：药物推荐兑水量设为 1 倍，以此为基础分别增设 64 倍、32 倍、16 倍、8 倍、4 倍、2 倍、1 倍、1/2 倍、1/4 倍、1/8 倍等共 10 个药物梯度。

（5）药敏实验的操作：

①无菌 96 孔板第 1～11 列加入灭菌 MH 肉汤 100 μl。

②无菌 96 孔板第 1 列加入 128 倍稀释的药液 100 μl，逐次倍比稀释至第 10 列（每孔液体终体积是 100 μl）。

③无菌 96 孔板的每一孔加入待测菌液 100 μl，每孔液体终体积是 200 μl（为了保证实验的可靠性，每株菌进行一次重复，即一株菌做两行，一块板可做 4 株细

菌的药敏实验。

④无菌96孔板的第11列上4孔加入100 μl/孔灭菌MH肉汤作为阴性对照，第11列下4孔加入100 μl/孔菌液（四株菌的菌液）作为阳性对照。

⑤药物和菌液上样完毕后，置37 ℃温箱培养18～22 h观察结果。

⑥以无菌生长的第1孔药物浓度为MIC（药物最小抑菌浓度）测定值。

（6）结果判定：药物抑菌浓度越小，说明细菌对药物越敏感。

药物敏感实验后，应选择高敏药物进行治疗，也可选用两种药物协助使用，以减少耐药菌株。在选择高敏药物时应考虑药物的吸收途径，因为药敏实验是药液直接和细菌接触，而在给禽用药的时候，必须通过机体的吸收才能使药物达到一定的效果，所以在给禽用药时，高敏药物也要配合适宜的给药方法、给药剂量和疗程，才会达到最好的治疗效果。

（四）微量红细胞凝集和凝集抑制实验

适用于新城疫、禽流感、产蛋下降综合征等病原和抗体的检测。

1. 材料与试剂

非免疫公鸭、标准抗原、标准阳性血清、标准阴性血清、待检血清、pH 7.2 的 PBS 液、单道移液器（5 ~ 50 μl）、八道移液器（5 ~ 50 μl）、V 型 96 孔微量反应板、200 μl 吸头、吸耳球、移液槽、烧杯、高压蒸汽灭菌锅、托盘天平、37℃ ± 1℃恒温培养箱、低速离心机、微量振荡器、冰箱、10 ml 刻度吸管、1 ml 刻度吸管、氯化钠（分析纯）、柠檬酸钠（分析纯）、柠檬酸（分析纯）、枸橼酸钠（分析纯）、葡萄糖（分析纯）。

2. 试剂的制备

（1）阿氏液（红细胞保存液）的配制：葡萄糖 2.05 g，柠檬酸钠（$5H_2O$）0.8 g，柠檬酸（$2H_2O$）0.055 g，氯化钠 0.42 g，加蒸馏水至 100 ml，散热溶解后调 pH 至 6.1，69 kPa 高压蒸汽灭菌 15 min，4℃保存。如红细胞现配现用不需保存较长时间，也可用 3.8% 的灭菌枸橼酸钠代替阿氏液。

（2）鸭红细胞悬液的配制：采集至少 3 只无禽流感和新城疫抗体的健康公鸭血，与等体积阿氏液混合，用

pH 7.2、0.01 mol/L PBS 液洗涤 3 次，每次均以 1 000 r/min 离心 10 min（也可用 3.8% 的枸橼酸钠溶液与公鸭血以 1∶3 的比例混合后，用 pH 7.2、0.01 mol/L PBS 液洗涤 4 次，前三次每次均以 2 000 r/min 离心 5 min，最后一次 2 500 r/min 离心 10 min）。洗涤后用 PBS 液配成体积分数为 1% 的红细胞悬液，4℃保存备用。

3. 微量法血凝（HA）实验

（1）在微量反应板的第 1～12 孔均加入 0.025 ml PBS 液，换吸头。

（2）吸取 0.025 ml ND 抗原加入第 1 孔，吹打 6～8 次混匀。

（3）从第 1 孔吸取 0.025 ml 抗原液加入第 2 孔，吹打 6～8 次混匀后吸取 0.025 ml 加入第 3 孔，如此进行倍比稀释至第 11 孔，从第 11 孔吸取 0.025 ml 弃之，换吸头。

（4）每孔加入 0.025 ml PBS 液。

（5）每孔均加入 0.025 ml 1% 鸭红细胞悬液（将鸭红细胞悬液充分摇匀后加入）。

（6）振荡摇匀，在室温（20～25℃）下静置 40 min 后观察结果（如果环境温度太高可置 4℃环境下 60 min），对照孔红细胞将呈明显的纽扣状沉到孔底。

（7）结果判定：将板倾斜45°角，从背面观察，对照孔成立时观察被测样品孔红细胞有无呈泪滴状流淌。完全凝集的抗原或病毒最高稀释倍数代表一个血凝单位（HAU），常用 n $\log_2$ 或1∶xxx表示。

“+”表示红细胞完全凝集。红细胞凝集后完全沉于反应孔底层，呈颗粒状，边缘不整或呈锯齿状，上层液体中无悬浮的红细胞。

“–”表示红细胞未凝集。反应孔底部的红细胞没有凝集成一层，而是全部沉淀成小圆点，位于小孔最底端，边缘水平。

“±”表示部分凝集。红细胞下沉情况介于“+”与“–”之间（图10–9、图10–10）。

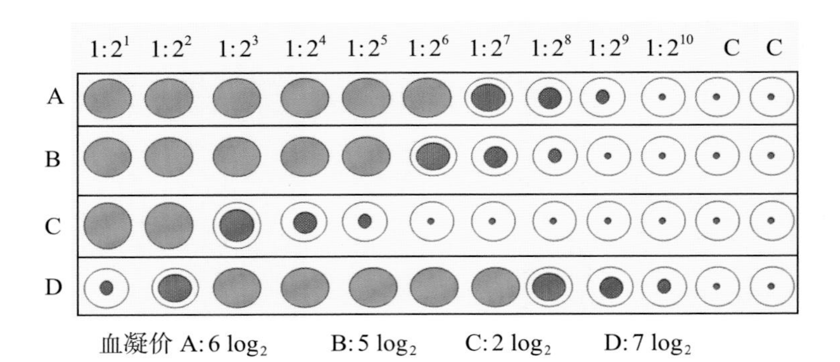

图10–9 HA结果示意

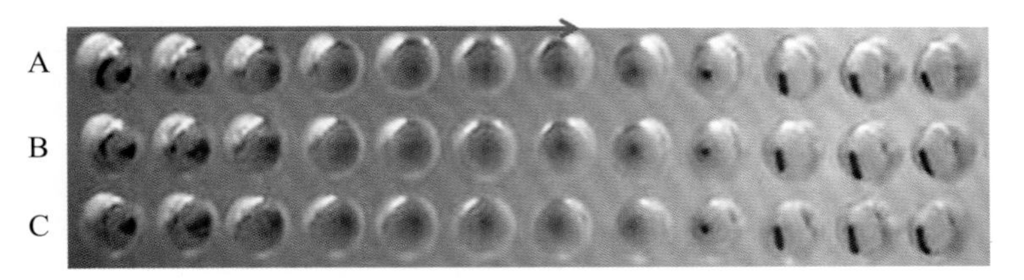

图 10–10　HA 结果实例（血凝价 8 $\log_2$）

病毒液能凝集鸭的红细胞，但随着病毒液被稀释，凝集红细胞的作用逐渐变弱。稀释到一定倍数时，就不能使红细胞出现明显的凝集，从而出现可疑或阴性结果。能使一定量红细胞完全凝集的病毒最大稀释倍数为该病毒的血凝滴度，或称血凝价。

4. 血凝抑制实验用 4 单位病毒的配制

（1）稀释方法：HA 试验测得抗原的血凝价除以 4，即为含 4 个血凝单位（HAU）抗原的稀释倍数。例如，如果血凝的终点滴度为 8 $\log_2$（1∶256），则 4 HAU 的抗原的稀释倍数应是 1∶64（256 除以 4），稀释时将 1 ml 抗原加入到 63 ml PBS 液中即为 4 HAU。

（2）4 单位病毒质量的验证——回归实验：在微量反应板的 1～4 孔均加入 0.025 ml PBS。取混匀的 4 HAU 抗原液 0.025 ml 加入第 1 孔内，混匀后吸取 0.025 ml 加入第 2 孔，依次倍比稀释至第 4 孔，从第 4 孔吸取 0.025 ml 弃去。每孔加入 0.025 ml 1% 鸭红细胞悬液，轻轻混匀，37℃静置 20 min 后观察结果。若前 2 孔凝集，第 3 孔凝集 1/2，第 4 孔下滑则视为抗原配制准确（图 10–11）。

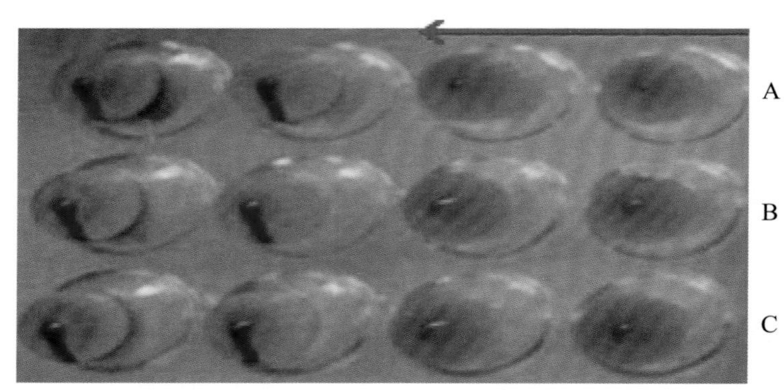

图 10–11　回归实验结果判读图

5. 微量法血凝抑制（HI）实验

（1）在微量反应板的 1 ~ 11 孔均加入 0.025 ml PBS，第 12 孔加入 0.05 ml PBS 液。

（2）吸取 0.025 ml 待检血清加入第 1 孔内，吹打 6 ~ 8 次混匀后吸取 0.025 ml 加入第 2 孔，依次倍比稀释至第 10 孔，从第 10 孔吸取 0.025 ml 弃去。

（3）1 ~ 11 孔均加入含 4 HAU 的抗原液 0.025 ml，振荡混匀，室温（20 ~ 25℃）静置至少 30 min。

（4）每孔加入 0.025 ml 1% 鸭红细胞悬液，轻轻混匀，室温静置 30～40 min，第 12 列对照孔红细胞将呈明显的纽扣状沉到孔底。

（5）以完全抑制 4 HAU 的抗原最高稀释倍数作为 HI 滴度。只有阴性对照孔血清滴度不大于 2 log_2，阳性对照血清孔误差不超过 1 个滴度，实验结果才有效。HI 价小于或等于 3 log_2 判定为 HI 实验阴性；HI 价等于 4 log_2 判定为可疑，需重复实验；HI 价大于或等于 5 log_2 判定为阳性。

（5）结果判定和记录：

“—”表示红细胞凝集抑制。高浓度的抗体能抑制病毒对鸭红细胞的凝集作用，使反应孔中的红细胞呈圆点状沉淀于反应孔底端中央，而不出现血凝现象。

“+”表示红细胞完全凝集。随着血清被稀释，血清对病毒血凝作用的抑制减弱，反应孔中的病毒逐渐表现出血凝作用，最终使红细胞完全凝集，沉于反应孔底层，边缘不整或呈锯齿状。

“±”表示不完全抑制。红细胞下沉情况介于“—”与“+”之间。

能完全抑制红细胞凝集的血清最大稀释倍数叫该

血清的滴度或血清的血凝抑制效价，图 4–12 所示血清血凝抑制效价为 1∶256 倍（28）。

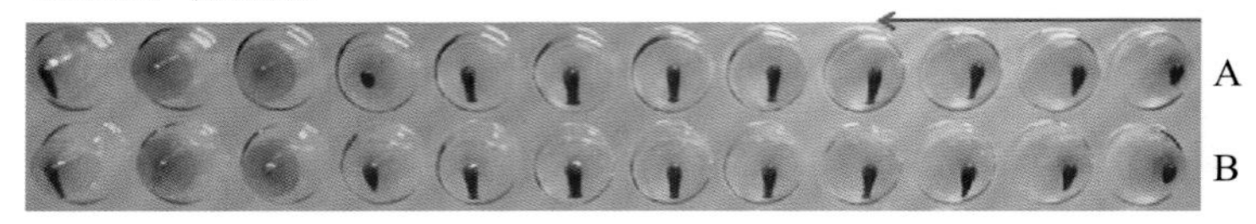

图 10–12　血凝抑制实验结果判读实例图

病毒的 HA–HI 实验，可用已知血清来鉴定未知病毒，也可用已知病毒来检测血清中的抗体效价，在某些病毒病的诊断及疫苗免疫效果的检测中应用广泛。

（6）血凝抑制实验注意事项：

① 为防止 4 HAU 抗原配制不准确，需做回归实验。

②尽量维持室温在 18 ~ 25℃，保持恒定的湿度。

③ 96 孔 V 型板一定要用最大水清洗干净，干燥温度不宜太高（易变形）。

④考虑不同的移液器与吸头有误差，减少气泡产生，建议部分步骤选用反式吸法。

⑤最后判定凝集结果，可以参考回归实验中第 3 孔的凝集情况。

⑥ 4 HAU 抗原现配现用，否则影响结果。

⑦制备 1% 的红细胞，尽量选用未免疫的健康公鸭采血。

⑧操作标准、熟练、准确，结果可重复。

（五）病毒的分离鉴定

1. 鸭胚、鸡胚接种

本方法适用于鸭瘟、鸭病毒性肝炎和鸭坦布苏等病毒组织、棉拭子的鸭（鸡）胚病毒分离鉴定。

(1) 材料与试剂：鸭胚（鸡胚）、孵化器、冰箱、超净工作台、照蛋器、打孔器、酒精灯、镊子、吸耳球、注射器、0.22 μm 滤器、灭菌 EP 管、酒精棉球、碘酊棉球、石蜡、生理盐水、青霉素、链霉素。

(2) 病毒液的处理：取疑似含病毒的组织病料，按 1∶4 加入生理盐水匀浆，制成悬液。反复冻融 3 次，然后经 3 000 r/min 离心 10 min。取上清液，每 ml 加入青链霉素各 2 000 IU，置 4℃ 冰箱处理 4 ~ 8 h。如果是采集的尿囊液，也可以离心取上清后，直接用 0.22 μm 的水相滤器进行过滤处理。

(3) 胚体接种：见表 10-3。

表 10-3　　胚体接种程序

接种途径	胚龄(d)	接　种　方　法	适合病毒
尿囊腔接种	鸡胚 9 ~ 10 d，鸭胚 12 ~ 13 d	用照蛋器照选出可见清晰的血管及活动的胚体，用铅笔勾出气室及胚胎的位置，并在对侧尿囊膜血管较少的气室边缘处作标记。用碘酒消毒气室蛋壳，酒精脱碘，用灭菌打孔器在标记处打一孔，恰好使蛋壳打通又不伤及壳膜。用 1 ml 注射器、9 号针头将针头通过打孔进针，垂直刺入尿囊腔，注入 0.1 ~ 0.2 ml 处理好的病毒液。用融化的石蜡封闭注射孔	禽流感、新城疫病毒、鸭肝炎、鸭瘟、坦布苏病毒、细小病毒等
绒毛尿囊膜接种	鸭胚 11~12 d，鸡胚 9 ~ 10 d	在照蛋器下，用铅笔勾出气室及胚胎的位置。让胚体朝下横放鸡胚，在胚体的中上部作标记。消毒蛋壳和标记处周围，在标记处打孔，并将孔蔓延扩大，用针头挑开壳膜，切勿伤及绒毛尿囊膜，滴加生理盐水 1 滴。另在气室正中打一孔，用吸耳球紧紧靠近小孔，轻轻一吸，使气室形成负压，导致第一小孔处绒毛尿囊膜下凹，可见生理盐水下渗，形成人工气室。将针头倾斜进入人工气室小孔 0.5 cm，滴入 2 ~ 3 滴病毒液。最后将两个孔均用石蜡封闭	鸭瘟、细小病毒等腺病毒

（续表）

接种途径	胚龄（d）	接 种 方 法	适合病毒
卵黄囊接种	鸭胚 7～8 d，鸡胚 6～7 d	用照蛋器选出可见清晰的血管丛的胚体。在照蛋器下，用铅笔勾出气室及胚胎的位置，并在远离胚体一侧气室稍偏正中处作标记。 其余步骤同尿囊腔接种	呼肠孤病毒、腺病毒

（4）病毒收获：将接种好的鸭胚或鸡胚放入 37℃，24 h 内死胚废弃。每天照蛋，取出死胚，继续孵化至 120 h。将活胚放入 4℃放置 6 h 或过夜，使血管收缩，血液凝固。也可放 –20℃ 1 h。分别用碘酊和酒精消毒卵壳，用灭菌镊子除去气室卵壳及壳膜，开口直径为整个气室区大小。尿囊腔接种以无菌镊子撕去一部分蛋膜，撕破绒毛尿囊膜而不撕破羊膜，用移液器伸入尿囊腔，避开羊膜和卵黄膜，吸取清亮尿囊液，可收集 4～9 ml；尿囊膜接种的胚体还需收集尿囊膜，将胚体卵黄倒出，从蛋壳用镊子撕下尿囊膜；卵黄囊接种的还需收集卵黄液，直接抽干尿囊液，将枪头插入卵黄，吸取即可。以上收集物收集完毕均放 –20℃保存。

（5）病毒鉴定：对于有血凝性的病毒可以采用 HA 实验进行鉴定，其他可采用 PCR 方法进行鉴定。

2. 反转录聚合酶链式反应（RT–PCR）检测

适用于采集的动物组织、棉拭子、尿囊液和细胞培养物等样品的 RNA 病毒的核酸检测。

（1）材料与试剂：冰箱、水浴锅、超净工作台、4℃离心机、电泳仪、PCR 核酸扩增仪、凝胶成像仪、移液器、灭菌 EP 管、PCR 管、吸头、灭菌研磨器、生理盐水或 PBS、Trizol、氯仿、异丙醇、75% 酒精、DEPC 水、反转录及 PCR 用试剂。

（2）实验操作：

①病料的处理。取适量有典型病变的组织，按体积比 1∶4 加入灭菌的 PBS 或者生理盐水，置研磨器（灭菌）中研磨，反复冻融 3 次，4 000 g/min 离心 10 min。

② RNA 的提取。按照试剂盒说明书进行操作。下面以普通 Trizol 方法为例介绍：取 250 μl 上清加入 1.5 ml 离心管中，加入 750 μl Trizol 剧烈振摇 30 s，静置 5 min，再次剧烈振摇 30 s，静置 5 min。加入 250 μl 的氯仿，上下颠倒混匀 30 s，–20 ℃静置 10 min，4℃ 12 000 g 离心 15 min。离心完毕后，移取上清 400～600 μl（注意不要吸到中间层白色物质）置新的灭菌好的 1.5 ml 离心管中。加入等体积预冷的异丙醇，

颠倒6次后（不可剧烈震动）-20℃静置10 min，4℃ 12 000 g离心15 min。可见管底部有少量白色沉淀，倒掉异丙醇，加入1 ml 75%的乙醇（DEPC水配制），振摇，将白色沉淀悬浮，4℃ 7 500 g离心5 min。弃去上清，干燥沉淀物（将离心管倒置于卫生纸或者其他吸水纸上，室温约5 min即可）加入20 μl DEPC水溶解，即刻用于RT-PCR，或于-20℃保存备用。

③反转录。按照试剂盒说明配置体系与反应程序，所得反应液即为反转录产物cDNA，用于PCR扩增或置于-20℃保存备用。

④ PCR扩增。设立阳性和阴性对照，阳性对照一般为病毒液，阴性对照用灭菌的双蒸水作为PCR反应模板。反应总体系为30 μl：PCR反应条件为，95℃预变性5 min；94℃变性45 s，50℃退火45 s，72℃延伸60 s，共进行32～35个循环；最后72℃延伸6 min（根据不同的引物设定退火温度和反应时间）。

⑤凝胶电泳。1.5%琼脂糖凝胶的配制：0.45 g琼脂糖和30 ml 1×TAE加入锥形瓶中，置微波炉中微波约1 min沸腾后，摇匀，冷却至50～60℃加入0.8 μl Goidview摇匀，加入已插好梳子的制胶板中，30～45 min凝固后即可拔下梳子使用。上样电泳：将凝

胶放入电泳槽中，依次加入 DL 2000 的 DNA Marker 3 ~ 5 μl，其他样品 10 μl 加 2 μl 的 6 × loading buffer（上样缓冲液）混合后点样，开启电泳仪，电压 120 V，电泳 20 ~ 30 min。

⑥结果观察。将凝胶放入凝胶成像仪中比对 DNA Maker，在阴阳性对照成立的条件下，观察样品是否有预期大小的目的条带，即可进行阴阳性判断。